# Luftfahrzeugbau und -Führung

## Hand- und Lehrbücher des Gesamtgebietes

**In selbständigen Bänden unter Mitwirkung von**

**R. Basenach †,** Ingenieur, Berlin. **A. Baumann,** Ingenieur, Professor für Luftfahrt, Flugtechnik und Kraftfahrzeugbau an der Techn. Hochschule Stuttgart. **P. Béjeuhr,** Ingenieur, Assistent der Aerodynamischen Versuchsanstalt Göttingen. **Dr. A. Berson,** Professor, Berlin. **Dr. G. von dem Borne,** Professor für Luftfahrt an der Techn. Hochschule Breslau. **Dr. F. Brähmer,** Chemiker, Assistent a. d. Kgl. Militärtechn. Akademie Berlin. **G. Christians,** Dipl.-Ingenieur, Rheinau-Baden. **R. Clouth,** Fabrikbesitzer, Paris-Neuilly. **Dr. M. Dieckmann,** 1. Assistent am Physik. Institut der Techn. Hochschule München. **Dr. H. Eckener,** Friedrichshafen a. B. **Dr. Flemming,** Stabsarzt a. d. Kaiser-Wilhelms-Akademie Berlin. **R. Gradenwitz,** Ingenieur, Fabrikbesitzer, Berlin. **J. Hofmann,** Preußischer Regierungsbaumeister, Kaiserlicher Reg.-Rat a. D., Genf. **Dr. W. Kutta,** Professor a. d. Techn. Hochschule Aachen. **Dr. F. Linke,** Dozent für Meteorologie u. Geophysik am Physikal. Verein u. d. Akademie Frankfurt a. M. **Dr. A. Marcuse,** Professor an der Universität Berlin. **Dr. A. Meyer,** Assessor, Frankfurt a. M. **St. v. Nieber,** Exzellenz, Generalleutnant z. D., Berlin. Dr. ing. **E. Roch,** Dipl.-Ingenieur, Berlin. **E. Rumpler,** Ingenieur, Direktor, Berlin. **O. Winkler,** Oberingenieur, Berlin u. a.

herausgegeben von

**Georg Paul Neumann**

Hauptmann a. D.

**X. Band**

**München** und **Berlin**

Verlag von R. Oldenbourg

1913

# Mechanische Grundlagen des Flugzeugbaues

Von

**A. Baumann**
Professor an der Kgl. Techn. Hochschule Stuttgart

**I. Teil**

36 Abbildungen und 2 Tafeln

**München und Berlin**
Verlag von R. Oldenbourg
1913

Druck der Königl. Universitätsdruckerei H. Stürtz A. G., Würzburg.

# Vorwort.

Im Folgenden ist der Versuch gemacht in systematischem Aufbau die mechanischen Grundlagen des Flugzeugbaus zu behandeln. Dem Wunsch des Herausgebers, nur mit elementaren mathematischen Hilfsmitteln zu arbeiten, wurde nach Möglichkeit Rechnung getragen.

Auf den ersten Blick könnte es scheinen, als ob die praktische Anwendung dieser Rechnungen mühsam und zeitraubend wäre, die angeführten Beispiele überzeugen aber, so hoffe ich, vom Gegenteil. Es wäre vielleicht wünschenswert gewesen, wenn praktische Rechnungen in grösserer Zahl und auch im Detail vorgeführt worden wären. Abgesehen von anderen Gründen unterblieb das, um das Ganze nicht zu umfangreich werden zu lassen.

Detailkonstruktionen sind nur soweit berührt, als die mechanischen Grundlagen derselben interessieren, auf konstruktive Einzelheiten, Besprechung und Darstellung einzelner Systeme u. s. w. ist deshalb an keiner Stelle eingegangen. Hierüber werden ja andere Bändchen der Sammlung handeln.

Den hier vorliegenden 2 Bändchen soll ein drittes folgen, das diejenigen Untersuchungen bringt, die mit der Stabilität der Flugzeuge zusammenhängen.

Stuttgart, Frühjahr 1912.

**A. Baumann.**

# Inhalt.

Seite

I. Teil.

Einleitung . . . . . . . . . . . . . . . . . . . . 1

A. Der Luftwiderstand . . . . . . . . . . . . . . . 8

Seine Ursachen . . . . . . . . . . . . . . . . . 8
Versuche über die Grösse des Luftwiderstands . . . . . . 27
Formeln zur Berechnung der Grösse des Luftwiderstands. Widerstandskoeffizienten . . . . . . . . . . . . . 34

B. Der Arbeitsaufwand zum Schweben . . . . . . . . 47

Allgemeines . . . . . . . . . . . . . . . . . . 47
Die günstigsten Verhältnisse bezogen auf das Gesamtgewicht 54
Günstige Verhältnisse bezogen auf die Nutzleistung . . . . 70

C. Die fertige Maschine . . . . . . . . . . . . . 83

Veränderliche Gewichte und Schraubenkräfte . . . . . . 83
Auf- und Absteigende Flugbahn . . . . . . . . . . 90
Auf- und absteigende Luftströmungen . . . . . . . . 95
Der Gleitflug . . . . . . . . . . . . . . . . . 97
Allgemeine Gesichtspunkte . . . . . . . . . . . . 101

D. Konstruktionsmaterialien . . . . . . . . . . . . 107

Einfluss des Konstruktionsmaterials auf Gewicht und Widerstände . . . . . . . . . . . . . . . . . . . 107
Formänderungsarbeit der Konstruktionsmaterialien . . . . 122

E. Schraube, Motor, Flugzeug . . . . . . . . . . . 126

Zusammenarbeiten von Schraube und Motor . . . . . . . 126
Schraube und Motor in Verbindung mit dem Flugzeug . . . 145

# Einleitung.

Wenn es sich darum handelt, die mechanischen Grundlagen des Flugzeugbaues zu behandeln, so kann das ohne Aufwendung eines gewissen mathematischen Apparates nicht geschehen, weil die sich ergebenden mechanischen Probleme nur mit Hilfe mathematischer Entwickelungen einer Lösung zugeführt werden können. Es ist unvermeidlich, dass sich dabei auch Lösungen ergeben werden, die nicht ohne Weiteres in eine einfache Formel zu bringen sind, womit dann der Vorwurf im ersten Augenblick berechtigt scheint, dass solche Entwickelungen nicht für die Praxis taugen.

Und doch ist ein solcher Vorwurf unberechtigt und zeugt von einer Verkennung der Bedürfnisse sowohl, wie der Anforderungen, die an den Praktiker tatsächlich zu stellen sind. Ein Fortschritt wird um so sicherer und folgerichtiger zu bemerken sein, je mehr auch der Praktiker sich über die inneren Zusammenhänge, über die Abhängigkeit der einzelnen massgebenden Faktoren untereinander klar ist, je mehr er mit anderen Worten die ganze Materie durchdrungen hat, ohne dabei stets auf der Jagd nach einer am Konstruktionstisch brauchbaren Formel zu sein. Ohne eine solche Durchdringung des Stoffes wird notwendig ein Fortschritt noch mehr wie sonst von zahlreichen Fehlschlägen und vergeblichen Versuchen begleitet sein.

Sieht man aber von dem Praktiker ab und denkt an diejenigen, die sich zu Praktikern heranbilden oder sich auch nur belehren wollen, so ist es einleuchtend, dass ihnen nur auf dem

Weg geeigneter theoretischer Behandlung das genügende Verständnis für die in Betracht kommenden Vorgänge und Verhältnisse ohne allzugrossen Zeitaufwand übermittelt werden kann, das sich der Praktiker vielleicht durch jahrelange praktische Beschäftigung mit dem Stoff auf Grund von Erfahrungen und Beobachtungen gleichsam induktiv erworben hat, ohne dabei unter Umständen aus Mangel an Musse oder sonstigen Gründen bis zu den letzten Schlussfolgerungen durchdringen zu können.

Und doch ist nur in einfachen Fällen die restlose mathematische Behandlung eines Problems in solcher Form, dass praktische Schlüsse aus ihr gezogen werden können, möglich. Fast immer wird es, um zu einer solchen Form zu gelangen, nötig sein, die massgebenden Faktoren zu erkennen und auszusondern, andere Faktoren aber unberücksichtigt zu lassen, und erst die Erfahrung kann erweisen, ob diese Vernachlässigungen berechtigt waren, und welcher Grad von Annäherung an die wirklichen Verhältnisse dem gewonnenen Resultat zuzusprechen ist.

Fast jede mathematische Behandlung irgend welcher technischen Frage — wo es sich ja meist um verwickelte Verhältnisse handelt — schliesst deshalb zahlreiche Kompromisse in sich ein und bedarf oft in Grenzfällen einer kritischen Beurteilung.

Die gewonnenen Lösungen stellen also nicht — um mich eines Vergleiches zu bedienen — ein photographisch treues Bild der Wirklichkeit dar, sondern sie wären zu vergleichen einem Gemälde, bei dem der Künstler zur Erreichung einer bestimmten Wirkung viele Einzelheiten unterdrückt hat, damit diejenigen Momente, deren künstlerische Gestaltung er anstrebte, um so klarer und sinnfälliger in Erscheinung treten. Der gewonnene mathematische Ausdruck wird also nicht mehr als ein Symbol der Wirklichkeit sein, das nur eine einseitige Deutung zulässt, die unbegrenzte Vielseitigkeit der Wirklichkeit aber nicht umfasst.

Es kann sich so ereignen, dass bei einer mathematischen Behandlung der Einfluss untergeordneter Umstände überschätzt, der Einfluss massgebender Faktoren aber unterschätzt wird, sodass ein verzerrtes Bild entsteht, welches bei näherer Prüfung kaum noch die Wirklichkeit erkennen lässt.

Die letzten Fragen, auf denen der ganze Flugzeugbau beruht, sind die des Widerstandes von Flächen und Körpern, die gegenüber der Luft bewegt werden, und doch sollen gerade diese Fragen nur verhältnismässig kurz und keineswegs erschöpfend besprochen werden, denn sie werden in einem gesonderten Band der vorliegenden Sammlung von berufener Seite eingehend behandelt. Es wird deshalb nur in grossen Zügen auf die Vorgänge, die die Ursache des Luftwiderstandes sind, einzugehen, im übrigen aber mit diesen Widerständen als gegebenen Grössen zu rechnen sein.

Die Berechnung der Grösse der Luftwiderstände bildet einen vortrefflichen Beleg für die vorausgegangenen Betrachtungen über die Art der mathematischen Behandlung mechanischer Probleme. Solange hier keine befriedigende Lösung rechnerisch erreichbar schien, praktische Versuche aber in genügendem Umfang und wünschenswerter Zuverlässigkeit nicht vorlagen, war jede weitere mathematische Spekulation ein zweckloses Beginnen. Das erkannte Lilienthal, und so sehen wir ihn durch Jahre damit beschäftigt, das unbekannte Gebiet experimentell zu erforschen. Nachdem er gewisse, ihm genügend erscheinende Grundlagen gewonnen hatte, ging er an die praktische Verwertung seiner Versuchsergebnisse. Schon zu Lilienthals Lebzeiten war es vor allem Chanute, der in gleicher Richtung arbeitete, wobei er von dem vogelähnlichen Flügelumriss, den wir von Lilienthal angewendet sehen, zum rechteckigen überging und hauptsächlich mit den sogenannten Mehrdeckern Versuche anstellte.

Zum Teil unter des letzteren Beihilfe, später allein stellten die Gebrüder Wright Versuche an. Handelte es sich bei Lilienthal und Chanute um Gleitflieger, deren Gleichgewicht in der Luft in der Hauptsache dadurch aufrecht erhalten wurde, dass der an dem Apparat hängende Mann seine Körperstellung änderte, was also bis zu einem gewissen Grad der Tätigkeit des Seiltänzers auf dem Seil entspricht, so liegt der Fortschritt, der durch die Gebrüder Wright eingeleitet wurde vor allem darin, dass sie diesen Apparat in eine Maschine umwandelten, d. h. organisch mit dem Ganzen verbundene Teile, die Steuer, anbrachten, durch deren Handhabung es möglich wurde, ohne Änderung der Körperstellung des Führers und ohne grossen Kraftaufwand das Gleichgewicht der Maschine aufrecht zu erhalten. War vorher die Handhabung des Gleitfliegers ein Experiment, bei dem, sobald der Boden verlassen war, ein Kampf des Führers mit seiner Maschine begann, dessen Ende und Ausgang nicht mit Bestimmtheit vorauszusehen war, so wurde durch diese neue Einrichtung eine bis dahin nicht gekannte Beherrschung der Maschine von seiten des Führers erreicht. Die Bedeutung dieses Fortschritts, so selbstverständlich diese Massnahme uns heute scheint, kann nicht hoch genug eingeschätzt werden und stellt das unvergängliche Verdienst der Gebrüder Wright dar. Entsprechend den drei im Raum möglichen Drehbewegungen eines Körpers waren drei Steuer an der Maschine vorzusehen und zu handhaben um mit ihnen jede Bewegung der Maschine zu kontrollieren und zu korrigieren. Alle von anderen Seiten, zum Beispiel auch von Chanute versuchten Einrichtungen, die bezweckten, die Maschine so zu bauen, dass sie auch ohne Zutun des Führers, infolge geeigneter Form, Anordnung und Verteilung der tragenden Teile, ihre richtige Lage in der Luft von selbst beibehält, waren damit von den Gebrüdern Wright verworfen. Das war fürs Erste ein richtiger und gesunder Standpunkt, das starre dauernde Festhalten an ihm von seiten der Wrights geschah zu deren eigenem Nachteil. Fürs Erste war ein solches Vorgehen richtig, weil die gestellte Aufgabe, wenn sie überhaupt lösbar war, damit vereinfacht wurde, alle Schwierigkeiten, die eine solche, durch die Form stabile Maschine solange bietet, bis diese Form gefunden ist, fielen weg. So waren sie denn auch die Ersten, die ein wirklich brauchbares Flugzeug schufen.

Französische Konstrukteure, Santos Dumont, die Gebrüder Voisin, Levavasseur, der Chefkonstrukteur der Antoinettewerke, Bleriot u. a., strebten im Gegensatz zu den Gebrüdern Wright danach, durch die Form stabile Maschinen zu bauen, wobei dann Steuer nur dazu dienen, den Kurs der Maschine zu beeinflussen. Dazu genügten zwei Steuer. Die gewählten Maschinenformen waren aber noch weit von der Erreichung des Ziels entfernt und dementsprechend die französischen

Flugleistungen verhältnismässig bescheiden gegenüber den Leistungen der Wrightmaschinen.

Das musste mit dem Augenblick anders werden, wo die französischen Konstrukteure das Wrightsche Prinzip auf ihre Maschinen übertrugen, denn dieses Prinzip wurde auf Maschinen angewendet, die, soweit das bis dahin möglich schien, durch die Form stabil waren.

Dementsprechend musste die Führung der französischen Flugzeuge von diesem Augenblick an leichter und einfacher, weniger ermüdend und anstrengend sein, als die Führung der Wrightmaschine. Damit war die Überlegenheit der französischen Maschinen erreicht, und es begann ein erbitterter, aber ziemlich erfolgloser Patentstreit der Gebrüder Wright gegen die französischen Konstrukteure.

Freilich diese Überlegenheit zu erreichen, war wohl nur möglich, infolge eigenartiger Charakterveranlagung der Gebrüder Wright. Diese mussten ja erkennen, welche Vorteile die französischen Maschinenformen und Anordnungen boten, und hätten sie gleich skrupellos diese Formen und Prinzipien auf ihre Maschinen übertragen, wie sich die französischen Konstrukteure die Wrightschen Prinzipien aneigneten, so hätten beide Parteien einander gleichwertig gegenübergestanden. Immerhin sprechen auch noch andere Umstände mit, und diese Verhältnisse eingehend zu behandeln, würde wohl an dieser Stelle zu weit führen. Nur soviel sei angedeutet: die Umstände hängen zusammen mit der Frage, welches Mass von geschmeidiger Lenksamkeit der Maschine bei stabiler Form anzustreben und erreichbar ist (eine Frage, die bei den neuen Wrightmaschinen in vortrefflicher Weise gelöst scheint), wie weit es zweckmässig ist, günstigere Verhältnisse auf Kosten der Ökonomie zu erreichen, und schliesslich hängen sie auch zusammen mit der grösseren oder geringeren technischen und konstruktiven Schulung, welche die Erbauer der einen und anderen Maschinengattung besitzen.

An dieser Stelle sei es mir gestattet, darauf hinzuweisen, wie kritiklos seinerzeit unsere Fachschriftsteller zum grossen Teil den Wrightschen Detailkonstruktionen gegenüberstanden: Weil die Wrightmaschinen in jener Zeit weitaus die besten Leistungen aufwiesen, musste alles an diesen Maschinen vorbildlich und vortrefflich sein. Die Details dieser ersten Maschinen, die ausgesprochen primitiv und keineswegs mustergültig waren, — was sich aus ihrer nicht fabrikationsmässigen Herstellung ohne weiteres erklärt und damit gerechtfertigt ist — wurden als geniale Offenbarungen technischen Könnens und als vorbildliche konstruktive Lösungen hingestellt, eine Anschauung, von der man nur langsam abkam, und die dem weiteren Ausbau und der konstruktiven Vervollkommnung der Wrightmaschine nicht förderlich sein konnte.

Der Entwickelungsgang des Flugzeugs zeigt deutlich: das Grundproblem ist, eine Maschine in die Luft zu bringen. Durch geeignete Steueranordnungen ist dann ein Flug bei entsprechender Übung möglich; sind die damit zusammenhängenden Fragen gelöst, so entsteht die nächste Aufgabe, wie weit und durch welche Mittel die Führung der Maschine erleichtert und vereinfacht werden kann, Fragen also, welche die Stabilität der Maschine betreffen. Das Endziel in dieser Richtung wäre dann eine Maschine, die, gleichgültig, welche äusseren Einflüsse auf sie einwirken, gegenüber dem Erdboden ohne Zutun des Führers ständig geradeaus fährt, ohne ihre Lage im Raum zu ändern, oder die wenigstens diese Lage stets von selbst wieder einnimmt, wenn sie durch äussere Einflüsse aus ihr herausgebracht wurde. In diesem Falle bestünde die Aufgabe des Führers lediglich darin, dafür zu sorgen, dass in gewünschter Höhe über dem Boden ein bestimmtes Ziel erreicht würde.

Diesem Gang entsprechend soll zunächst von allen Fragen der Stabilität der Maschine abgesehen und angenommen werden, es seien Mittel vorhanden, diese Stabilität zu erreichen, wobei es fürs erste gleichgültig ist, ob diese Stabilität von seiten des Führers gewahrt wird, oder durch zweckentsprechende andere Massnahmen. Die Mittel, die Stabilität aufrecht zu erhalten, sollen dann zum Schluss behandelt und die Bedingungen der Stabilität untersucht werden.

Jede Stabilitätsstörung eines Flugzeugs wird durch eine Drehbewegung desselben eingeleitet. Soll demnach die Stabilität nach einer solchen Störung wieder hergestellt werden, so muss eine Rückdrehung in die ursprüngliche Lage erfolgen. Dazu ist es nötig, dass auf die Maschine durch den Führer (oder durch die gegebenen äusseren oder inneren Verhältnisse) ein Drehmoment ausgeübt werde, das spätestens aufhört, sobald die richtige Lage des Flugzeugs wieder erreicht ist. Dieses erforderliche Drehmoment kann dadurch erzeugt werden, dass in zweckentsprechendem Abstand vom Schwerpunkt des Ganzen geeignet gestellte Flächen angebracht sind, die gegen den, infolge der Fortbewegung der Maschine entstehenden Luftzug gedreht werden können. Die Luft wird dann auf diese Fläche drücken, es wirkt also eine Kraft in einem gewissen Abstand vom Schwerpunkt, womit das geforderte Drehmoment gegeben ist.

Nun kann ein Flugzeug nach vorn oder hinten kippen, d. h. sich um eine Achse drehen, die horizontal liegt und senkrecht zur Bewegungsrichtung. Es kann ferner seitlich kippen, also sich um eine horizontale, in der Flugrichtung liegenden Achse, oder es kann sich schliesslich um eine vertikal stehende Achse drehen. Diesen drei möglichen Drehbewegungen müssen demnach drei Arten von Steuern entsprechen, eine Längssteuerung, eine Quersteuerung und eine Seitensteuerung. Bei geeigneter Grösse und Ausbildung dieser Steuer wird bei entsprechender Übung die Maschine durch den Führer im Gleichgewicht gehalten werden können.

# A. Der Luftwiderstand.

## Die Ursachen des Luftwiderstandes.

Wie schon in der Einleitung gesagt, soll der Luftwiderstand nur soweit allgemein behandelt werden, dass ein Verständnis der Vorgänge möglich ist und die massgebenden Faktoren erkannt werden.

Die Probleme des Luftwiderstands decken sich im Prinzip mit denjenigen des Flüssigkeitswiderstandes, solange die Zusammendrückbarkeit, durch die sich ja die Gase, d. h. also auch die Luft, von den Flüssigkeiten unterscheiden, unberücksichtigt bleiben kann. Das ist für flugtechnische Fragen der Fall, wie eine einfache Nachrechnung zeigt. Nach bekannten Gesetzen steht die Druckzunahme mit der Geschwindigkeitsabnahme nach der Beziehung

$$p = m \frac{v^2 - v_0^2}{2}$$

in Zusammenhang, wobei p die Druckzunahme in kg/m², $v - v_0$ die Geschwindigkeitsabnahme in m/sec, m die spezifische Masse, ausgedrückt in den Einheiten kg, m und sec, bedeutet. Die spezifische Masse der Luft ist rund $^1/_8$, womit die Druckzunahme $^1/_{16}$ der Quadrate der Anfangs- und Endgeschwindigkeiten; bei einer Geschwindigkeitsabnahme von 40 m/sec auf 0 würde also eine Druckzunahme von 100 kg/m² erreicht, entsprechend $^1/_{100}$ Atm, da eine Atmosphäre einem Druck von 10000 kg/m² gleichkommt. Würde man annehmen, dass bei dieser Druckänderung keine Temperaturerhöhung der Luft entstünde, so würde, da dann die Volumina umgekehrt proportional den

Drücken sind, durch sie die Luft um 1 % ihres Volumens verkleinert, vorausgesetzt, dass der Vorgang sich in Bodennähe, wo eine Atmosphäre Druck herrscht, abspielt.[1]) Wollte man aber die mit der Druckerhöhung verbundene Temperaturerhöhung der Luft berücksichtigen, so würde sich der Betrag von 1 % noch weiterhin um ca. $^1/_3$ verkleinern. Eine so geringe Zusammendrückung kann auf das Gesamtergebnis keinen nennenswerten Einfluss ausüben. Bedenkt man nun, dass wir in der Flugtechnik mit Geschwindigkeiten zu rechnen haben, die 40 m/sec bis jetzt nicht übersteigen, im allgemeinen aber weit darunter liegen, woraus folgt, dass die zu erwartenden Geschwindigkeitsänderungen im allgemeinen noch kleinere Beträge darstellen, so erscheint eine Vernachlässigung der Zusammendrückbarkeit der Luft noch mehr gerechtfertigt. Wird ein Körper durch eine Flüssigkeit bewegt, so wird die Flüssigkeit seitlich auf der Vorderseite des Körpers ausweichen müssen. Dazu muss die zunächst ruhend gedachte Flüssigkeit eine Beschleunigung und damit eine Geschwindigkeit erhalten, die ihr notwendig nur von dem bewegten Körper, da andere Einflüsse fehlen, erteilt werden kann. Dem entspricht von seiten des bewegten Körpers die Ausübung einer Kraft, und in Verbindung mit seiner Fortbewegungsgeschwindigkeit ein Energieaufwand. Die so in Bewegung gesetzte Flüssigkeit findet aber überall in der Umgebung den Raum mit Flüssigkeit besetzt, mit Ausnahme des Teiles des Raumes, der hinter dem bewegten Körper liegt, sie wird also nur dorthin abfliessen können und dort wieder zur Ruhe kommen müssen. Sie muss aber, um zur Ruhe zu kommen, in ihrer Bewegung verzögert werden, sie muss also unter Äusserung eines Drucks ihre Energie wieder abgeben. Diese Energieabgabe kann nur an den bewegten Körper erfolgen, dieser wird also auf seiner Rückseite dieselbe Energiemenge aufnehmen, die er auf der Vorderseite an die Flüssigkeit abgegeben hat. Daraus würde

---

[1]) Übrigens ändert die Höhenlage die Verhältnisse kaum, insofern, als dann mit einem geringeren Wert von m, wie er dem in grösserer Höhe herrschenden geringeren Druck entspricht, zu rechnen wäre. Einen im Übrigen belanglosen Einfluss hat nur die Änderung der Temperatur und die Abnahme der Erdbeschleunigung mit der Höhe.

folgen, dass er bei der Bewegung durch eine Flüssigkeit keinen Widerstand erfährt. Diesem Vorgang würde dann für einen Zylinder das folgende Strömungsbild entsprechen:

In der Ebene AA' hat die Flüssigkeit gegenüber dem Zylinder die Geschwindigkeit v. Diese Geschwindigkeit erfährt einen Zuwachs, bis in der Ebene BB' die grösste Geschwindigkeit gegenüber dem bewegten Zylinder erreicht ist. Sind a und b die Abstände der Stromfäden, so ist die Geschwindigkeit in der Ebene BB' gleich $v\frac{a}{b}$. Diese Geschwindigkeit verzögert sich dann auf der Rückseite des Zylinders, bis beim Eintritt etwa

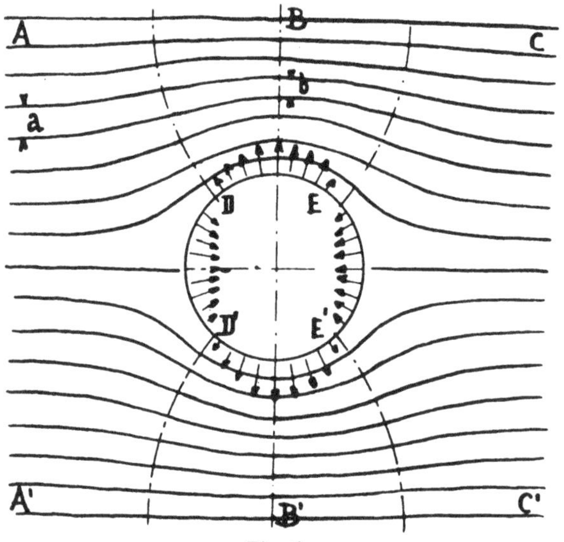


Fig. 1.

in die Ebene CC' wieder die Geschwindigkeit v herrscht, die beim Durchgang durch die Ebene AA' vorhanden war.

Entsprechend der der Flüssigkeit erteilten Beschleunigung muss dann auf die Oberfläche des Zylinders ein Flüssigkeitsdruck an der Vorderseite herrschen, der durch die Pfeile in der Figur angedeutet ist, ebenso aber auch infolge der Verzögerung zwischen den Ebenen BB' und CC' auf der Rückseite. Dabei nimmt der Druck auf der Vorderseite in der Richtung der Strömung ab, auf der Rückseite in der Richtung der Strömung zu, was durch die Grösse der Pfeile angedeutet ist. Zwischen den Punkten D und E erstrebt die Flüssigkeit eine Abtrennung von dem Zylinder, dem die darüber lagernden Flüssigkeitsmassen entgegenwirken; es herrschen hier also Unterdrücke, was durch entgegengesetzt gerichtete Pfeile angedeutet ist. Die Summe aller Einzeldrücke und damit der Widerstand ist Null.

Der Augenschein überzeugt vom Gegenteil. Fragt man sich, welche Tatsachen bei der vorausgegangenen Überlegung unberücksichtigt geblieben sind, so wird man erkennen, dass man von den jedenfalls und überall vorhandenen Reibungskräften absah, das würde heissen, dass diese Erkenntnis, der Widerstand eines durch die Luft bewegten Körpers sei gleich Null, nur für eine ideale reibungslose Flüssigkeit Geltung haben könne.

Tatsächlich wird mit der Reibung zu rechnen sein. Bekanntlich ist jede Reibung zwischen einer Flüssigkeit und einem festen Körper so aufzufassen, dass an der Oberfläche des Körpers eine dünne Flüssigkeitsschicht fest haftet und so an der Bewegung des Körpers selbst teilnimmt. Diese Schicht wird entsprechend der Zähigkeit der Flüssigkeit mit der übrigen Flüssigkeit in einem mechanischen Zusammenhang stehen. Es findet also in einer, den festen Körper umgebenden Flüssigkeitshülle ein allmählicher Übergang von der Ruhe in die Bewegung statt, der einen Bewegungswiderstand nach Massgabe der grösseren oder geringeren Zähigkeit der Flüssigkeit bedingt.

Die in Fig. 1 veranschaulichten Flüssigkeitsdrücke wirken also nicht unmittelbar auf die Oberfläche des Körpers, sondern mittelbar, durch Vermittelung der eben besprochenen, an der Oberfläche haftenden Flüssigkeitsschicht. Die verschiedene Grösse des Flüssigkeitsdrucks an den einzelnen Stellen der Oberfläche bewirkt aber dann, dass sich innerhalb dieser haftenden Schicht eine Bewegung anbahnt, nach Massgabe des Druckunterschiedes, der an benachbarten Stellen der Oberfläche in dieser Schicht herrscht. Dieser angestrebten Verschiebung wirkt die Zähigkeit, mit der die Schicht an der Oberfläche des Körpers haftet, entgegen. Je grösser diese Zähigkeit ist, um so grösser wird der Druckunterschied an benachbarten Stellen der Oberfläche sein müssen, wenn die angestrebte Bewegung eintreten soll.

Es leuchtet ein, dass der Druckunterschied an zwei benachbarten Stellen der Oberfläche um so grösser sein wird, je stärker die die Oberfläche bestreichenden Flüssigkeitsfäden an diesen Stellen aus ihrer Bewegungsrichtung abgelenkt werden, d. h., je stärker die Krümmungsänderung der Oberfläche an den betreffenden Stellen ist, je schroffere Krümmungsübergänge vorhanden sind, und da die Drücke auch mit der Geschwindigkeit

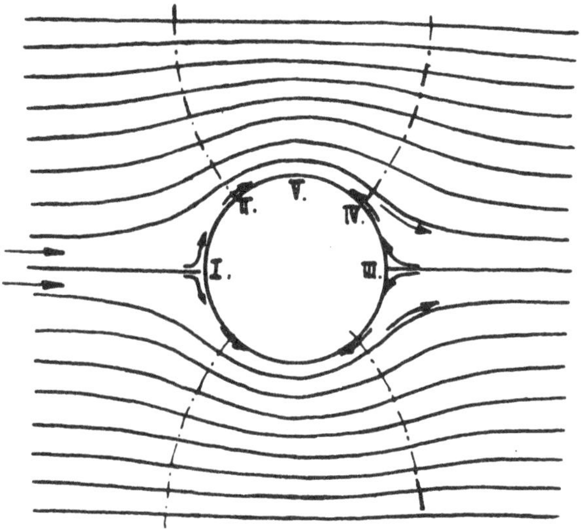


Fig. 2.

wachsen, somit auch die Druckunterschiede, so wird auch die Geschwindigkeit auf diese Vorgänge von Einfluss sein.

Es wird also jedenfalls der Fall eintreten können, dass die ursprünglich haftende Schicht ins Fliessen gerät, wenn nur nach dem eben Gesagten die Geschwindigkeit des Körpers gegenüber der Luft gross genug und die Krümmungsänderung an der betreffenden Stelle der Oberfläche stark genug ist.

Was wird dann geschehen? Geht man wieder von dem in Fig. 1 dargestellten Fall aus, so könnte nach der, in Fig. 1 gezeichneten Druckverteilung ein Abfliessen der Oberflächenschicht zunächst bei I, Fig. 2, auf den Punkt II zu stattfinden, weil von

I nach II eine Druckabnahme vorhanden ist. Die bei I abfliessende Schicht würde dann durch neu zuströmende Luft ersetzt. Man hätte demnach ein beständiges Fliessen von I nach II mit einer im allgemeinen geringeren Geschwindigkeit, als sie die umgebende Luft gegenüber dem Körper aufweist, ohne dass im übrigen dadurch das Strömungsbild im Grossen beeinflusst würde. Ganz anders gestalten sich aber die Verhältnisse auf der Rückseite des Körpers im Punkt III. Hier würde ein Abfliessen der Schicht in Richtung auf Punkt IV stattfinden, d. h. in einer Richtung, die der Richtung der um den Körper angenommenen Luftströmung gerade entgegenläuft. Diese, an der Oberfläche hinstreichende Schicht, die ebenso wie auf der Vorderseite, beständig aus der umgebenden Luft ergänzt und gespeist wird, wird dabei schliesslich an eine Stelle der Oberfläche kommen, wo wiederum eine Druckzunahme eintritt; das wäre in der Gegend des Punktes V. Hier wird

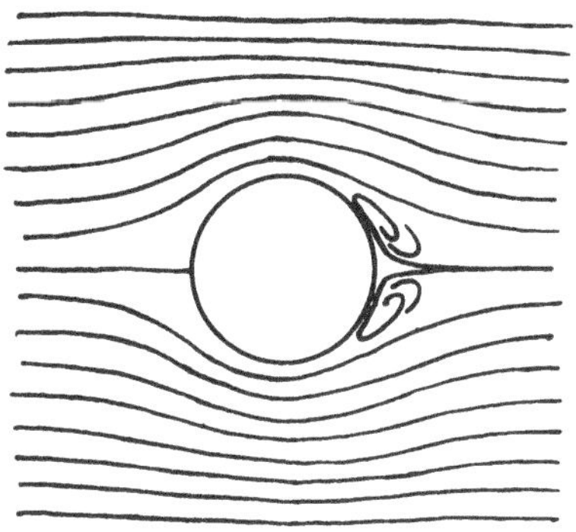

Fig. 3.

Fig. 4.

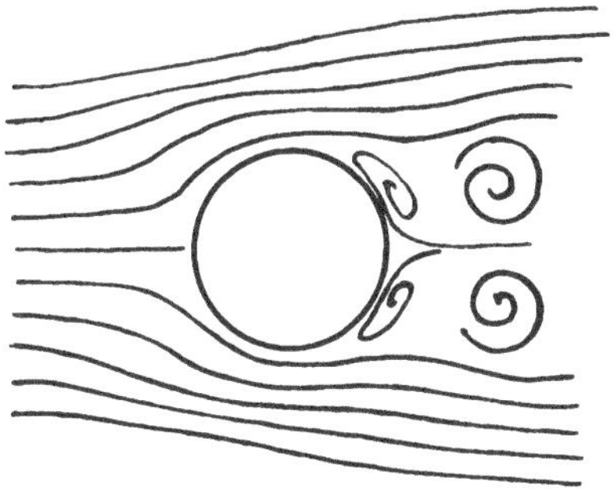

Fig. 5.

sie sich stauen und von der umgebenden Flüssigkeitsströmung in den Hauptluftstrom mitgerissen werden, also ihre Bewegungsrichtung umkehren. Es bildet sich so eine wirbelnde Strömung auf dem Teil der Oberfläche zwischen den Punkten III und V. Durch die in III ständig nachfliessenden Flüssigkeitsmengen wird dieser Wirbel ständig gespeist werden, an Grösse mehr und mehr zunehmen, bis er solche Dimensionen angenommen hat, dass er von der Hauptströmung fortgerissen wird, sogleich wird sich aber dann ein neuer Wirbel bilden usf. Damit ändert sich aber das Strömungsbild vollständig, und das Bild wird sich von der ursprünglichen Gestalt entsprechend der Fig. 3, 4, 5 verwandeln.

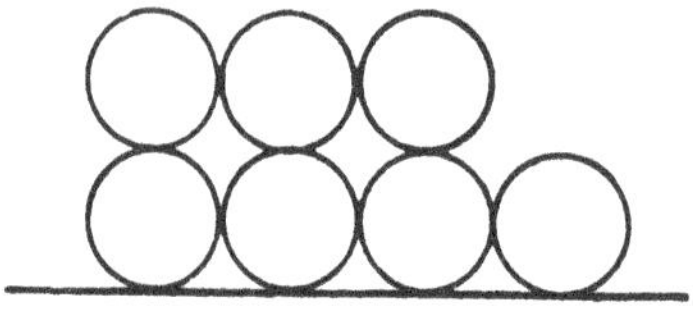

Fig. 6.

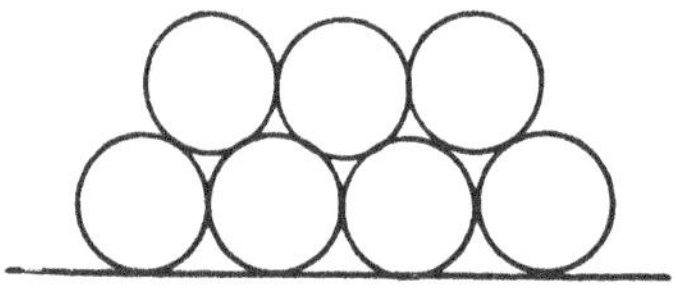

Fig. 7.

Damit ändert sich natürlich die nach Fig. 1 angenommene Druckverteilung nicht nur auf der Vorderseite um etwas, sondern sie wird auch auf der Rückseite vollständig anders. Keinesfalls wird auf ihr ein Druck mehr herrschen können, der dem Druck auf die Vorderseite das Gleichgewicht hält, sondern, da die sich bildenden Wirbel beständig von ihr weggerissen werden, wird hier gegenüber der Vorderseite ein Unterdruck herrschen müssen, so dass der Gesamtwiderstand, den der Körper bei seiner Fortbewegung durch die Luft erfährt, in vielen Fällen grösser ist, als der dem Druck auf die Vorderseite entsprechende Flüssigkeitsdruck, auch wenn man denselben um die Oberflächenreibung vergrössern würde.

Noch entspricht aber das Bild, das man von den Vorgängen gewinnt, nicht vollständig der Wirklichkeit. Nach Fig. 5 würden die Wirbel sich paarweise von dem Körper ablösen und zwei und zwei forteilen. Diese Anordnung der Wirbel könnte auf die Dauer nicht bestehen, denn sie entspräche einem labilen Gleichgewichtszustand, etwa derart, wie wenn man schwere

Zylinder je zwei und zwei senkrecht übereinander aufstellen wollte mit parallelen horizontalen Achsen, Fig. 6. Der Zustand könnte durch die kleinste Erschütterung gestört werden und ginge in den der Fig. 7 entsprechenden über.

Ebenso ordnen sich auch die Wirbel, wenn sie auch vielleicht im ersten Moment der Wirbelbildung, wie in den Fig. 3 bis 5 angedeutet, geordnet gewesen sein sollten, nach kürzester Zeit im Zickzack an und das Bild entspricht dann Fig. 8.

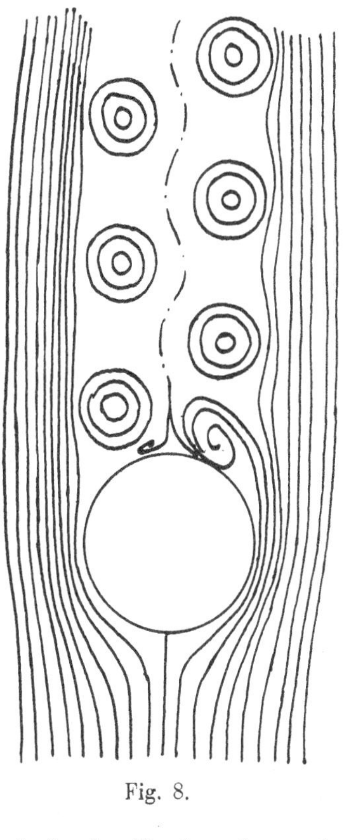

Fig. 8.

Betrachtet man dieses Bild, so kann man es eigentlich erstaunlich finden, dass die Erkenntnis dieser Vorgänge der allerneuesten Zeit vorbehalten blieb; das Bild gemahnt sofort und unwillkürlich an die im Winde flatternde Fahne, wie sie punktiert in Fig. 8 eingezeichnet ist, wobei der schraffierteZylinder denFahnenmast darstellen würde, eine alltägliche Erscheinung, die die Lösung, wie man meinen könnte, hätte nahe legen sollen.

Sind so die Vorgänge, die zur Entstehung eines Luftwiderstandes führen, im allgemeinen und mit allgemeinen Worten vor Augen geführt, so ist doch noch weiterhin Einzelnes dazu zu sagen. Es kann nun nicht mehr verwundern, dass zur Fortbewegung eines Körpers durch die Luft eine Kraft aufzuwenden ist und damit im Zusammenhang mit der Fortbewegungsgeschwindigkeit eine Leistung. Es findet also eine Energieabgabe von dem Körper an die umgebende Luft statt. Diese abgegebene Energie wird von den Wirbeln in der Hauptsache aufgenommen und fortgetragen. Jeder der Wirbel stellt einen Teil der aufgewendeten Energie dar und wird, wie sich der Wirbel infolge der inneren Widerstände der Reibung in der Luft usw. auflöst, der Gesamtheit der Luft mitgeteilt.

Die Grösse des Wirbelschwanzes hinter einem durch die Luft bewegten Körper gibt also ein Mass für den Energieaufwand, der für die Fortbewegung des Körpers durch die Luft zu leisten ist. Unbedeutende Wirbel hinter einem bewegten Körper bedeuten geringen Luftwiderstand und umgekehrt.[1])

Aus dem, was über die Entstehung der Wirbel gesagt ist, lässt sich dann folgern, was zu tun wäre, um geringe Widerstände zu erhalten, wie also ein Körper mit geringem Widerstand geformt sein müsste, sofern man in der Formgebung freie Hand hat. An allen Stellen, wo die ins Fliessen geratene Oberflächenschicht, infolge der Druckverteilung an der Oberfläche, der Bewegungsrichtung entgegenfliessen würde, ist dafür zu sorgen, dass benachbarte Stellen der Oberfläche möglichst geringe Druckdifferenzen aufweisen, dass also Krümmungsänderungen möglichst allmählich erfolgen. Man kommt dann notwendigerweise zu Körperformen, die in ihrem hinteren Ende lang ausgezogen sind.

Je grösser die Wirbel sind, die sich hinter einem Körper bilden können, um so grösser wird die von ihnen fortgetragene Energie sein, Je mehr also ein Körper rückwärts in den Wirbelraum hineinragt, um so mehr wird er, auch wenn er seiner Formgebung nach nicht in der Lage ist, die Wirbelbildung zu verhindern, die Ausbildung räumlich ausgedehnter Wirbel unmöglich machen und damit den Bewegungswiderstand vermindern.[2])

---

[1]) Alles hängt von der zu erwartenden Gestalt des Strömungsbildes ab; liegen 2 oder mehr Körper so nahe beieinander, dass bei der verhältnismässig grossen Ausdehnung, die das Strömungsbild jedes einzelnen Körpers hat, zu erwarten steht, die einzelnen Strömungsbilder könnten sich zu einem gemeinsamen kombinieren, so werden andere, im allgemeinen kleinere Widerstände, wie sie sich für jeden einzelnen Körper unabhängig vom andern ergeben würden, zu erwarten sein.

[2]) Doch darf man nicht allzusehr verallgemeinern, die Vergrösserung der Oberfläche auf der Rückseite des Körpers kann unter Umständen auch die Ausbildung des Wirbels begünstigen.

Natürlich ist aber auch die Vorderseite des Körpers von Einfluss, je stärkere Ablenkungen der Luftstrom hier erfährt, desto ausgedehnter wird der Wirbelraum quer zur Bewegungsrichtung werden.

Es war im Vorausgehenden gesagt worden, dass es von der Grösse der Geschwindigkeit und damit des durch sie erzeugten Flüssigkeitsdrucks abhängen wird, ob die an der Oberfläche des Körpers haftende Flüssigkeit ins Fliessen kommt. Diese Festsetzung bedarf noch einer Erweiterung. Es stehen sich bei diesem Vorgang zwei Kräfte gegenüber, erstens der Flüssigkeitsdruck, der ein Verschieben der Schicht anstrebt, und zweitens die Reibung, die einer Bewegung dieser Schicht an der Oberfläche entgegenwirkt. Betrachtet man ein kleines Quadrat von der Seitenlänge l auf der Oberfläche des Körpers, so wird der Flüssigkeits-Druckunterschied jedenfalls abhängen von der Geschwindigkeitshöhe $\frac{v^2}{2g}$, wenn v die Geschwindigkeit und g die Beschleunigung durch die Schwere ist. Die Grösse des Drucks, der auf diesem Quadrat eine Verschiebung anstrebt, wird um so grösser sein, je grösser die Fläche ist, auf die dieser Druckunterschied wirkt, d. h. also, er wird abhängen von $l^2$, demnach wird die, eine Verschiebung anstrebende Kraft gleich $K' \cdot \frac{v^2}{2g} \cdot l^2$ oder gleich $K \cdot v^2 l^2$ sein, worin K' und K irgendwelche Konstanten sind. Die Kraft, die dem entgegenwirkt, wird gleichfalls um so grösser sein, je grösser die spezifische Reibung auf der Fläche ist. Diese ist um so grösser, je grösser die Geschwindigkeitsänderung über eine bestimmte Strecke ist, d. h. sie ist um so grösser, je grösser im Fall des angezogenen Quadrats der Bruch $\frac{v}{l}$ ist. Die einer Verschiebung widerstehende Kraft ist also jedenfalls proportional $\frac{v}{l} \cdot l^2 = vl$. und die Kraft selbst gleich $C \cdot vl$, wo C eine Konstante ist, deren Grösse für die vorliegende Betrachtung gleichgültig ist. Ob also eine Verschiebung zustandkommt und mit welcher Schnelligkeit sie vor sich geht, wird abhängen von dem Verhältnis der beiden Kräfte $K v^2 \cdot l^2 : C \cdot vl = \frac{K}{C} \cdot vl$.

Will man 2 Körper miteinander vergleichen, die eine geometrisch ähnliche Form, aber verschiedene Grössenabmessungen haben, so werden die im Vorausgehenden herausgegriffenen Quadrate, soll ein Vergleich durchführbar sein, gleich grosse Teile der Gesamtoberfläche darstellen müssen. Ist also der eine Körper in seinen linearen Abmessungen n mal so gross wie der andere, so wird bei dem einen die Seite des Quadrats l, bei dem andern l . n sein müssen. Die Schnelligkeit, mit der die Verschiebung vor sich geht, wird dann bei dem einen dem Ausdruck $\frac{K}{C} \cdot vl$, bei dem andern dem Ausdruck $\frac{K}{C} \cdot v\,l\,n$ entsprechen. Nimmt man dabei noch an, dass die Geschwindigkeiten v in beiden Fällen verschieden seien, und die eine Geschwindigkeit das $\nu$ fache der anderen wäre, so erhält man die Ausdrücke $\frac{K}{C}\, v\, l\, \nu\, n$ und $\frac{K}{C}\, v\, l$. Wären beide Ausdrücke gleich, so würden bei beiden Körpern, die sich ähnlich sind, an jeder Stelle der Oberfläche gleich schnelle Verschiebungen der Oberflächenschicht auftreten, und nach allem früher Gesagten wären damit für beide Körper ähnliche Strömungsbilder und damit ähnliche Fortbewegungswiderstände zu erwarten. Es müsste also sein

$$\frac{K}{C} \cdot vl = \frac{K}{C}\, vl \cdot n \cdot \nu$$

oder

$$1 = n \cdot \nu.$$

Es sind nicht gleiche, sondern nur „ähnliche" Widerstände zu erwarten, weil die Widerstände selbst ja von der Grösse der in Betracht kommenden Oberfläche abhängen, also werden sie bei einem linearen Verhältnis der Abmessungen 1 : n sich verhalten wie $1 : n^2$, vorausgesetzt, dass die angeführte Bedingung $n \cdot \nu = 1$ erfüllt ist. Mit anderen Worten, es werden nicht die Widerstände, sondern die sogenannten Widerstandskoeffizienten gleich sein.

Aus dem Gesagten folgt, dass die Widerstandskoeffizienten im allgemeinen für geometrisch ähnliche Körper keine konstanten Zahlen sein werden, sondern dass sie vielmehr nach irgend welcher Gesetzmässigkeit in Abhängigkeit von dem Produkt l . v veränderlich sind, was die Erfahrung bestätigt, sie werden nur gleich sein, wenn $\nu . n = 1$ oder, was dasselbe ist, der Wert 1 v für beide gleich gross ist. Das würde also heissen, dass der Widerstandskoeffizient zweier ähnlicher Körper, von denen der eine sehr klein, der andere sehr gross ist, nur gleich sein wird, wenn der kleine im Vergleich zu dem Grossen mit erhöhter Geschwindigkeit vorwärts bewegt wird.

Ein Zylinder habe 1 mm Durchmesser und 1 m Länge (Draht) und werde mit einer Geschwindigkeit von 30 m/sec. vorwärts bewegt, so wird er, verglichen mit einem anderen von 10 m/m Durchmesser und 10 m Länge, nur denselben Widerstandskoffizienten aufweisen, wenn dieser andere mit einer Geschwindigkeit von 3 m/sec. vorwärts bewegt wird. In jedem anderen Fall werden die Widerstandskoeffizienten verschieden sein und zwar um so mehr, je mehr sich der Wert $\nu . n$ von 1 entfernt.

Wenn diese Tatsache, wie gesagt, durch die Erfahrung bestätigt wird, so zeigt die Erfahrung doch anderseits, dass von einem gewissen Wert $\nu . n > 1$ ab, die Veränderlichkeit nicht mehr sehr bedeutend ist. Sie ist nur sehr bedeutend in dem Gebiet kleiner absoluter Abmessungen und Geschwindigkeiten.

Letzterer Umstand hat aber zur Folge, dass Modellversuche zur Bestimmung von Luftwiderstandskoeffizienten keinen allzugrossen, unmittelbar praktischen Wert haben, es sei denn, dass die Modelle sehr gross seien, oder es sei, dass mit sehr hohen Geschwindigkeiten gearbeitet würde, um einen einwandfreien Vergleich mit der Wirklichkeit zuzulassen. Beides verbietet sich, weil sonst die Modellversuche sehr kostspielig würden.

Trotzdem gestatten sie Schlüsse auf die Verhältnisse im Grossen zu ziehen, wie noch gezeigt werden soll.

Aus allem folgt, dass der Luftwiderstand eines Körpers sich aus zwei Teilen zusammensetzt, dem Widerstand, der vom Flüssigkeitsdruck herrührt und durch die Form des Körpers beeinflusst wird, dem Formwiderstand, und dem von der Grösse der Oberfläche abhängigen Reibungswiderstand.[1])

---

[1]) Auch die Grösse des letzteren wird indirekt von der Form des Körpers beeinflusst. An denjenigen Stellen, an denen die Oberflächen-

Für die Flugtechnik von besonderer Wichtigkeit sind die Luftkräfte, die auf eine durch die Luft bewegte Fläche, die Tragfläche eines Flugzeugs, ausgeübt werden. Die für einen beliebigen Körper gewonnene Erkenntnis der massgebenden Vorgänge soll deshalb auf den Fall einer Fläche angewandt werden.

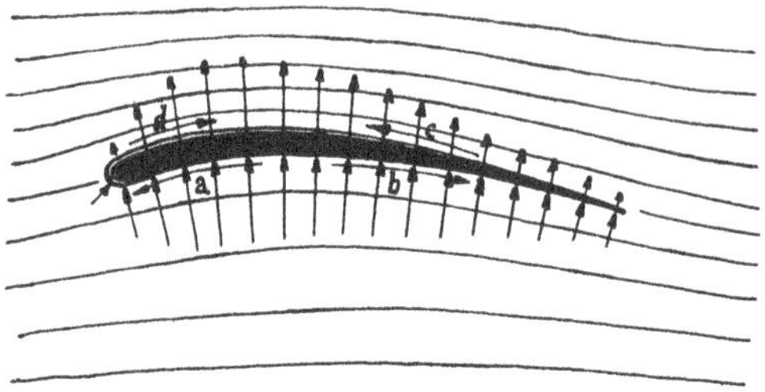

Fig. 9.

Nimmt man wieder, wie in dem vorigen Fall, zunächst an, die Vorgänge würden lediglich durch den Flüssigkeitsdruck bestimmt, und es wäre mit Reibung, Oberflächenschicht und Wirbeln gar nicht zu rechnen, so würde sich ein Bild ergeben, das etwa der Fig. 9 entspricht.

Die Pfeile bedeuten die an den betreffenden Stellen zu erwartenden Flüssigkeitsdrücke ihrer Grösse und Richtung nach. Sind sie auf die Fläche zu gerichtet, so bedeuten sie Überdrücke, sind sie von der Fläche weggerichtet, saugende Unterdrücke.

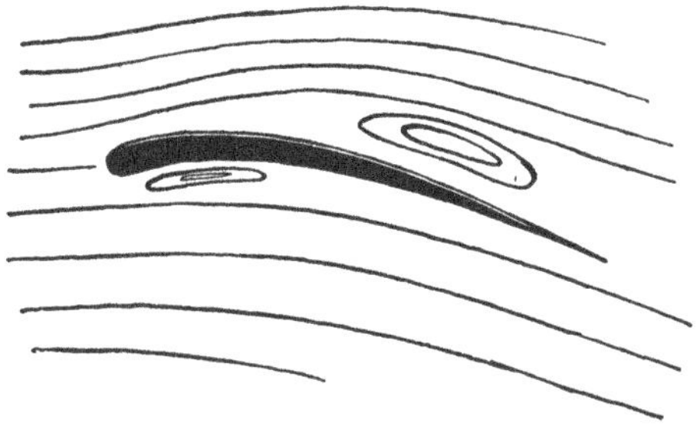
Fig. 10.

Da, wo sich die Stromlinien zusammendrängen, werden Unterdrücke zu erwarten sein, wo sie sich stauen und sich voneinander entfernen, Überdrücke. Die in der Richtung der Fläche gezeichneten Pfeile sollen andeuten, in welcher Richtung ein Fliessen der Oberflächenschicht

---

schicht dem Luftstrom entgegenfliesst und Wirbel veranlasst, wird auch der Reibungswiderstand eine entgegengesetzte Richtung haben, welcher Vorgang durch die Form des Körpers beeinflusst wird. Die algebraische Summe dieser Einzelwiderstände, die im Einzelfall jeweils verschieden gross ausfällt, gibt dann den Gesamtreibungswiderstand.

infolge der Druckdifferenzen angestrebt wird. Aus diesen Pfeilrichtungen folgt, dass jedenfalls die Pfeile b und d keine Wirbel zu erzeugen vermögen, wohl aber unter Umständen der Pfeil a und vor allem der Pfeil c. Damit würde sich das Bild, wie Fig. 10 zeigt, ändern.

Dabei ist zu bemerken, dass der untere Wirbel sich weniger leicht ausbilden wird, wie der obere und erst tatsächlich in Erscheinung treten wird, wenn die Spitze der Fläche sehr stark nach unten hängt, wenn also der Anstellwinkel der Fläche, d. i. der Winkel zwischen der Sehne des Flächenprofils und der Bewegungsrichtung, sehr klein ist. Hand in Hand mit dieser Änderung des Strömungsbildes geht natürlich eine Änderung der Druckverteilung. Würden sich keine Wirbel bilden, so würde in der Bewegungsrichtung jedenfalls keine Kraft entstehen (abgesehen von der Oberflächenreibung), der Vorgang würde sich widerstandslos abspielen, die Tragfläche des Flugzeugs besässe einen Auftrieb (entsprechend den Druckpfeilen in Fig. 9) ohne für die Vorwärtsbewegung eine Kraft zu erfordern. Sowie sich Wirbel bilden, wird von diesen Energie fortgeführt, die bei der Vorwärtsbewegung zu ersetzen ist. Man wird also danach streben müssen, um günstige Verhältnisse in bezug auf den Energieaufwand zu erhalten, dass diese Wirbel, wie früher, möglichst klein werden. Wir haben gesehen, dass sich bei zu flacher Stellung der Fläche auch auf der Vorderseite Wirbel bilden, und zwar wird dieser Zustand um so eher eintreten, je hohler die Fläche ist. Damit verschwindet dann ein ganzer Teil der tragenden Druckkräfte auf die Unterseite und der saugenden, also gleichfalls tragenden Kräfte auf dem Vorderteil der Oberseite, solche Stellungen wären jedenfalls ungünstig. Aber auch zu steile Stellungen der Fläche, also zu grosse Anstellwinkel, müssen ungünstig wirken, weil von einem gewissen Punkt ab der Wirbelraum hinter der Fläche sich jedenfalls annähernd proportional mit der Projektion der Fläche in der Bewegungsrichtung vergrössert, womit die Widerstände in der Bewegungsrichtung sehr gross werden. Eine gewisse Mittelstellung wird also die günstigsten Verhältnisse umfassen müssen.

Mit diesen Festsetzungen ist das Problem noch nicht erschöpft. Quer zur Bewegungsrichtung besitzt die Fläche eine endliche Ausdehnung. Herrschen auf der Oberseite Unterdrücke und auf der Unterseite der Fläche Überdrücke, so werden notwendig an den seitlichen Kanten diese Drücke sich auszugleichen suchen, es wird also auch seitlich um die Fläche eine Luftströmung vorhanden sein müssen, so dass die Drücke auf die Fläche in der Querrichtnng nach den Seitenkanten zu abnehmen. Die seitlichen Enden der Flächen werden also weniger tragen als die Flächenmitten, obwohl sie infolge der Luftströmung, die sie veranlassen, einen Energieaufwand bedingen. Die seitliche Zirkulation der Luft stellt also einen Verlust dar, nicht nur an Tragfähigkeit der Fläche, sondern auch an Energie, denn die ver-

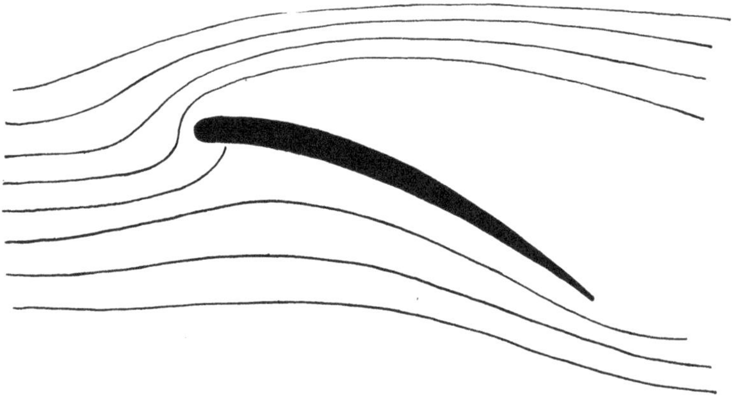

Fig. 11.

mutete Luftzirkulation muss von der Vortriebskraft und Energie des Ganzen aufrecht erhalten werden. Diese Strömung und die durch sie bedingten Verluste treten um so mehr zurück für das Gesamtergebnis, je langgestreckter die Fläche ist[1]). Ob diese Luftströmung um die Seitenkanten stark oder schwach ist, wird, so könnte vermutet werden, von der Ausbildung der Tragflächenenden abhängen. Es liegt nahe, sie dadurch klein

[1]) Schmale, quer zur Bewegungsrichtung langgestreckte Flächen, würden also in diesem Zusammenhang günstiger sein als wenig klafternde, in der Bewegungswirkung tiefe Flächen. Jemehr die Querausdehnung der Fläche gegenüber der Tiefe zurücktritt, umsomehr überwiegt die Zirkulationsbewegung.

zu halten, dass man allmähliche Übergänge schafft durch Abrundung (der Flächenenden oder durch allmähliche Abnahme des Flächenwinkels und der Flächenwölbung von der Mitte nach aussen. Ob die Energieersparnis eine bedeutende ist, lässt sich noch nicht entscheiden, im Prinzip vorhanden ist sie jedenfalls. Eine Erhöhung der Tragfähigkeit (der Fläche wird aber durch die zuletzt genannten Mittel sicher nicht erreicht, denn diese letzten Massnahmen laufen darauf hinaus, dass man die Tragflächenenden geringen Drücken aussetzt, d. h., sie weniger zum Tragen heranzieht als die mittleren Partien. Diese Schlüsse werden durch die Erfahrung auch bestätigt. Von diesen Gesichtspunkten aus wären reine Rechtecksflächen zu verwerfen. Erstrebt man hingegen eine möglichst grosse Ausnützung der Tragfläche, so wird man schroffe Übergänge in Kauf nehmen. Schliesslich ist aber auch hier ein Mittelweg denkbar und möglich.

Aus den Fig. 9, 10 geht hervor, dass der Druck nicht auf jeden Teil der Fläche gleich gross ist. Es ist von Wichtigkeit, wo die Resultierende dieser Einzeldrücke liegt, welche Lage gegenüber der Fläche also diejenige Kraft hat, die an Stelle der Einzeldrücke gedacht werden kann, oder, wo der Druckmittelpunkt dieser Einzeldrücke liegt.

Liegt die Fläche sehr flach und ist sie sehr hohl, so wird, wie schon gesagt, sich der untere Wirbel bilden können und damit der Druck auf den vorderen Teil der Unterfläche grösstenteils verschwinden, ebenso der saugende Unterdruck auf dem vorderen Teil der oberen Fläche, weil sie dann gegen den Wind steht. Alle hebenden Drücke liegen also im hinteren Teil der Fläche, demnach wird auch die Resultierende dieser Drücke im hinteren Teil der Fläche liegen (wäre die Fläche eben oder nahezu eben, so könnte sich der vordere Wirbel schlecht oder garnicht ausbilden, die Resultierende würde also nicht im hinteren Teil liegen können). Je mehr man nun die Fläche vorn aufrichtet, um so mehr wird der vordere Wirbel verschwinden und die Oberseite aus dem Bereich der anströmenden Luft gewendet, es wird also die vordere Hälfte der Fläche mehr und mehr hebende Drücke aufweisen, womit die Resultierende mehr und mehr nach vorn wandert. Es wird dann beim weiteren Aufrichten der Fläche der Moment eintreten, wo die anströmende Luft nicht mehr von der Vorderkante der Fläche in 2 Teile geteilt wird, von denen der eine auf der Oberseite, der andere auf der Unterseite hinfliesst, sondern wo die Strömung nach Art der Fig. 11 vor sich geht. Damit rückt die Resultierende mehr und mehr nach der Mitte der Fläche zu und erreicht die Flächenmitte, wenn die Fläche senkrecht zur Bewegungsrichtung steht.

Es tritt also eine Wanderung des Druckmittelpunktes ein, wie es auch die Erfahrung bestätigt. Bei den gewölbten Flächen liegt bei ganz kleinen Anstellwinkeln der Druckmittelpunkt zunächst am hinteren Ende der Fläche, wird diese vorn aufgerichtet, so wandert er rasch nach vorn, erreicht eine Grenzlage in der vorderen Hälfte und wandert dann mehr und mehr auf die Flächenmitte zu. Je stärker die Wölbung, um so weiter hinten liegt anfänglich der Druckmittelpunkt, um so weniger weit geht er aber bei Aufrichtung der Fläche über die Mitte hinaus nach vorn, um so später tritt dann die Umkehr der Bewegung auf die Mitte zu ein. Je flacher die Wölbung, um so weniger weit hinten liegt der Druckmittelpunkt zu Beginn, bis er bei der ebenen Fläche überhaupt zu Beginn am weitesten nach vorn liegt. Je flacher die Krümmung, um so schärfer wird die Umkehr der Druckmittelpunktbewegung von vorn nach hinten. Es erübrigt sich wohl nach dem Gesagten, auch für doppelt gekrümmte Flächen diese Verhältnisse im Einzelnen darzutun. Es leuchtet ein, dass eine Aufbiegung der Hinterkante der Fläche die Druckverteilung ändert und dass dementsprechend bei sehr flachen Anstellwinkeln die aufgebogene Hinterkante Druck von oben bekommen kann, womit der Druckmittelpunkt weniger weit nach hinten rückt. Man kann dann durch geeignete derartige Formgebung erreichen, dass innerhalb eines grösseren Bereichs des Anstellwinkels der Druckmittelpunkt seine Lage auf der Fläche kaum ändert.

Es war darauf hingewiesen worden, dass die Tragfläche auch seitlich eine endliche Ausdehnung besitzt und die Enden weniger tragen werden als die Flächenmitte, dass also die

Druckverteilung sich nach den Enden zu in der Querrichtung ändert. Es ist denkbar, und trifft auch bis zu einem gewissen Grad zu, dass die Lage des Druckmittelpunkts in jedem Schnitt der Tragfläche, in Richtung der Bewegung durch die Tragfläche vorgenommen, eine andere ist. Die Unterschiede werden aber erst nahe bei den Enden, gegenüber der Mitte beträchtlich werden. Das zeigt deutlich Tafel XV und XVI Bd. II auf der die Druckverteilung über eine Fläche bei zwei verschiedenen Anstellwinkeln gezeichnet ist, wie sie durch Versuche von Eiffel ermittelt ist. Es ist dann für einzelne Flächenelemente die Lage des Druckmittelpunktes ermittelt. Verbindet man die so erhaltenen Punkte durch die strichpunktierte Linien, so erhält man mit ihr eine Druckmittellinie, die die Elementardruckpunkte in sich einschliesst. Die Figuren zeigen den Verlauf dieser Linie. Er wird im Zusammenhang mit dem früher Gesagten die Lage des Druckmittelpunkts für Flächen verschiedenen Formats bei gleichem Profil und Anstellwinkel verschieden sein, die Unterschiede werden beträchtlich sein, wenn die Querabmessungen nicht ein Mehrfaches der Längsabmessungen sind.

Noch verwickelter werden natürlich die Verhältnisse, wenn das Flächenprofil in der Querrichtung veränderlich ist. Man wird für die Fläche als Ganzes betrachtet, unter Umständen ganz andere Resultate erhalten, als man bei Betrachtung eines einzelnen Schnitts durch die Fläche zunächst vermutet. Bei geeigneter Ausgestaltung wird man jedenfalls erreichen können, dass die Wanderung des Druckmittelpunkts für die Gesamtfläche — innerhalb eines bestimmten Winkelbereichs — geringer ist, als die Wanderung in jedem einzelnen Schnitt.

Die Strömungsbilder zeigen, was sich auch im Einzelnen weiter erklären liesse, dass die Geschwindigkeiten der Luft an verschiedenen Stellen der Fläche verschieden sind, und sich ebenso natürlich die Richtung, in der die Luft sich bewegt, verändert. Es war früher darauf hingewiesen worden, dass der Luftwiderstand eines Körpers, der sich in der Nähe eines anderen bewegt, nur im Zusammenhang mit diesem anderen Körper und dessen Widerstand beurteilt werden darf, sofern zu vermuten oder zu erwarten steht, dass die Strömungsbilder beider

Körper sich kombinieren oder einen Einfluss aufeinander ausüben. Dieser Fall tritt ein, wenn zwei oder mehrere Tragflächen übereinander oder hintereinander liegen, wie z. B. die Schwanzfläche eines Flugzeugs fast stets im Wirbelfeld der Haupttragfläche liegt. Es wird also in diesen Fällen nicht mit den Widerständen und Kräften gerechnet werden dürfen, die jede Fläche für sich geben würde.

Dasselbe gilt, wenn einzelne vorspringende Teile an einer Tragfläche vorhanden sind. Sie werden, da sie bei nicht beträchtlichen Abmessungen im Vergleich zur Tragfläche selbst das Strömungsbild im Grossen nicht beeinflussen können, dort angebracht um so mehr Widerstand bedingen, wo eine glatte, noch nicht aufgewirbelte Luftbewegung vorhanden ist, und wo die Geschwindigkeiten der Strömung erhöht sind, d. h. im allgemeinen auf der Oberseite, auf ihr aber vorn mehr als hinten. Umgekehrt wird der Widerstand, den der Körper erzeugt, auf der Unterseite geringer sein und zwar vorn mehr als hinten.

Aus dem Gesagten geht hervor, dass auch Streben (speziell bei Mehrdeckern), Drähte usw. nicht mit dem Widerstand zu bewerten sind, der ihnen, bezogen auf die Geschwindigkeit des Flugzeugs selbst, zukäme, sondern bezogen auf die Luftgeschwindigkeit, die in der Zone, in der diese Teile angebracht sind, herrscht. Es ergeben sich im Zusammenhang hiermit noch weitere Folgerungen. Der Rumpf eines Flugzeugs z. B. soll geringe Widerstände ergeben, er wird deshalb schon jetzt häufig in Torpedoform ausgeführt. Doch dürfte diese Form nicht ganz den Verhältnissen entsprechen. Wir wissen und sehen aus den Strömungsbildern, dass die Luft vor der Fläche in Bewegung nach aufwärts, hinter der Fläche nach abwärts begriffen ist. Die Torpedoform entspricht aber einer glatten Strömung. Die Form des Rumpfs wäre also jedenfalls besser zunächst zur Bewegungsrichtung, ebenso wie die Luftströmung des Flugzeugs, unsymmetrisch. Dem scheinen die Rumpfformen von Nieuport und Esnault Pelterie Rechnung zu tragen, doch ist es möglich, dass in diesen Fällen auch andere Gesichtspunkte massgebend waren (Lage des Führersitzes). Jedenfalls finden wir auch bei Vögeln im allgemeinen eine Körperform, die nach oben stärkere Wölbung zeigt als nach unten. Es wird hier die Form des Vogelkörpers als Stütze für diese Ausführungen angeführt, obwohl es im allgemeinen eher gefährlich und von zweifelhaftem Wert ist, wenn der Flugtechniker bei seinen Entwürfen und Plänen immer nach dem Vorbild der Natur schielt. Es ist ja klar, dass auf die Ausgestaltung, Formgebung, den Aufbau usw. eines Tierkörpers so viele Faktoren von Einfluss sind, die ihrer inneren ausschlaggebenden Bedeutung nach wir kaum je in der Lage sind, richtig einzuschätzen, sodass wir notwendig in vielen Fällen zu falschen Schlüssen kommen müssen, ganz abgesehen davon, dass Vogelflug und Maschinenflug zum mindesten vorläufig zwei absolut verschiedene Dinge sind.

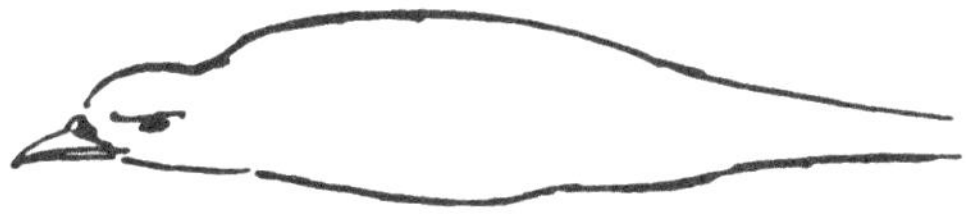

Fig. 12.

## 2. Versuche über die Grösse des Luftwiderstandes.

Es liegen eine ganze Reihe von Versuchen aus früherer und vor allem aus neuerer Zeit vor, die sich mit der Bestimmung von der Grösse des Luftwiderstandes verschieden geformter Flächen und Körper beschäftigen. Trotzdem genügen die Versuche noch lange nicht, um das auf unserem Gebiet wünschenswerte Versuchsmaterial als auch nur annähernd vollständig erscheinen zu lassen.

Es ist hier nicht der Ort, die verschiedenen Versuchseinrichtungen und Versuchsmethoden, nach denen solche Untersuchungen angestellt worden sind, zu besprechen und zu kritisieren. Es sollen deshalb nur die Resultate dieser Versuche mitgeteilt und, soweit möglich, verglichen werden. Dabei soll von älteren Versuchen abgesehen werden, soweit sie durch neuere zuverlässigere Messungen überholt sind. Leider liegen fast nur Versuche mit verhältnismässig sehr kleinen Körpern und Flächen vor, deren Resultate, wie schon ausgeführt wurde, nicht ohne

Weiteres auf die Verhältnisse im Grossen übertragbar sind. Eiffel schliesst zwar aus Versuchen an kreisrunden senkrecht zur Windrichtung stehenden Scheiben, dass bei Vergrösserung der linearen Abmessungen auf den 10 fachen Betrag der Widerstand um 10% zunehme, doch dürfte dieses aus einem Sonderfall genommene Resultat nicht uneingeschränkte allgemeine Gültigkeit haben, wenn auch die weiteren Rechnungen, die Eiffel auf Grund dieser Festsetzung durchführt, eine gute Übereinstimmung mit den praktischen Verhältnissen ausgeführter Maschinen ergeben. Immerhin wird man sich, bis ausreichende Versuche an Körpern von grossen Abmessungen vorliegen, mit derartigen runden Schätzungen behelfen müssen.

Man kann in Versuchung kommen, jede fliegende ausgeführte Maschine und die von ihr bekannten Daten als Objekt zur Festsetzung der Luftwiderstandszahlen anzusehen. Aber bei näherem Zusehen wird man finden, dass in solchem Fall so viele Einzelheiten zu einem Gesamtresultat zusammenwirken, dass es kaum möglich erscheint, diese einzelnen Einflüsse von einander zu sondern. Dabei sind in den meisten Fällen so viele Einzelheiten unbekannt oder nur näherungsweise feststellbar, dass man nicht hoffen kann, aus diesen Resultaten genauere Aufschlüsse zu erhalten, als durch den Schluss vom Modellversuch auf die Verhältnisse im Grossen. Zunächst erhält man bei einem fliegenden Flugzeug meist nur angenäherte Angaben über das Gesamtgewicht, das durch die Luft getragen wird. Ebenso ist die Angabe über den Winkel, unter dem das Flugzeug in der Luft liegt, selten sehr genau. Schliesslich ist die Angabe der tatsächlichen Geschwindigkeit gegenüber der Luft meist nur sehr näherungsweise ermittelt [1]. Freilich könnten diese Einzelheiten durch entsprechende Messungen im Einzelfall genau festgestellt werden. Nur sind solche Messungen bis jetzt nur sehr selten ausgeführt. Mit all dem hätte man aber nur eine Komponente der interessierenden Kraft, nämlich die vertikale. Auch das wäre natürlich schon ein Gewinn, wenn man es vielleicht auch

[1]) In den meisten Fällen wird die Geschwindigkeit bei Flug in einer viereckigen Bahn festgestellt, die Ecken werden von dem Flugzeug aber gerundet usw.

unangenehm empfinden würde, dass man auch so nur die vertikale Wirkung aller Flächen des Flugzeugs kennen würde, ohne zunächst den Einfluss der einzelnen Flächen zu kennen und den Einfluss der einzelnen Flächen aufeinander. Immer wäre auch schon der mögliche Einfluss des Schraubenwindes in dem Resultat mit enthalten.

Noch ungenauer ist der Schluss auf die horizontale Komponente der Luftkräfte. Man kennt im Allgemeinen nur sehr angenähert die Grösse des Zuges, den die Schraube in der Luft bei Vorwärtsbewegung entwickelt — es sei denn, dass hierüber gesonderte Versuche und Messungen angestellt seien. Man kennt auch nicht genau die Leistung des Motors, weil ein Bremsversuch im Stand nicht den wirklichen Verhältnissen entspricht. Schliesslich würde aber der genau bekannte Schraubenzug nur die Horizontalkraft für das gesamte Flugzeug, einschliesslich aller Nebenteile, einschliesslich des Führers usw. ergeben. Eine ganze Anzahl einzelner mehr oder weniger variabler Grössen, deren Einfluss auf das Gesamtresultat damit zunächst im Unklaren bleibt! Wenn somit die Verhältnisse am fertigen Flugzeug wohl bis zu einem praktisch erforderlichen und erwünschten Genauigkeitsgrad dazu dienen können, Rechnungen auf ihre Brauchbarkeit zu prüfen, können sie andererseits vorerst kaum dazu verwendet werden, über die Luftwiderstände ihrer Teile selbst Aufschluss zu geben.

Alle Versuche haben dargetan, dass für die im Flugzeugbau vorkommenden Körper und Flächen mit genügender Genauigkeit der Widerstand als proportional dem Quadrat der Geschwindigkeit angesehen werden kann. Wollte man, um der Wirklichkeit noch näher zu kommen, für die Oberflächenreibung mit einem anderen Exponenten als für die Geschwindigkeit rechnen, so erhielte man unbequem komplizierte Formeln, ohne in den relativ engen Grenzen, innerhalb deren die Grösse der Oberflächen und Geschwindigkeiten variieren, wesentlich genauere Resultate zu erhalten, wobei natürlich im einen und andern Falle die Koeffizienten der Rechnung verschieden gewählt werden müssen.

Ferner haben die Versuche dargetan, dass, mit den früher ausführlich besprochenen Beschränkungen, der Widerstand proportional der Grösse der Fläche bei Körpern proportional seiner Projektion in der Bewegungsrichtung gesetzt werden kann. Bei Körpern kann man auch den Widerstand auf das Körpervolumen beziehen. Geometrisch ähnliche Körper und gleiche Lage der Körper gegenüber dem Luftstrom vorausgesetzt, kommt die Rechnung praktisch natürlich auf dasselbe hinaus, wie die vorige Rechnung. Da der Widerstand immer proportional einer Grösse 2. Dimension ist, das Volumen eines Körpers aber 3. Dimension, wird man das Volumen in der $^2/_3$ Potenz einführen müssen, es ändert sich dann nur zahlenmässig — nicht der Bedeutung nach — die Grösse des in die Rechnung einzuführenden Koeffizienten, der nun auch die Längsausdehnung des Körpers zum Ausdruck bringt. Mit wachsender Längsausdehnung des Körpers nimmt er dementsprechend sehr rasch an Grösse ab, während er im ersten Fall die Abnahme des Widerstandes in Abhängigkeit von der Körperform klarer in Erscheinung treten lässt. Insofern scheint es für die Flugtechnik praktischer, an der zuerst genannten Bestimmung des Luftwiderstandes festzuhalten. Im Luftschiffbau liegen die Verhältnisse insofern anders, als es hier von Interesse ist, die Grösse des Luftwiderstandes eines Körpers (des Tragkörpers) in Abhängigkeit von seinem Fassungsvermögen zu kennen, weil letzterem proportional die Tragkraft ist. Auch die Abhängigkeit des Widerstandskoeffizienten von der Grösse der Fläche und der Geschwindigkeit lassen die Versuche erkennen, wenn es auch bei den zu engen Grenzen der Versuche, wie gesagt, nicht möglich erscheint, genauere Schlüsse auf die Verhältnisse im Grossen zu ziehen.

Es kommen in Betracht die Versuche von Frank, Eiffel, Boltzmann, die umfangreichen Versuche der Versuchsanstalt in Göttingen, ausgeführt von Föppl und Fuhrmann, sowie eine beschränkte Anzahl von Versuchen in grossen Abmessungen von Bendemann.

Die Versuche von Frank sind als Pendelversuche ausgeführt und ergeben damit die Eigentümlichkeit, dass nur Körper untersucht werden können, deren vordere und hintere Enden gleich ausgebildet sind. Auch sonst weist diese Untersuchungsmethode gewisse Unzulänglichkeiten auf[1]).

Die Versuche von Eiffel sind z. T. als Fallversuche ausgeführt, z. T. ebenso wie die Versuche von Boltzmann und die Göttinger Versuche, als Kanalversuche. Im letzteren Fall wird der Widerstand eines stillstehenden Körpers in einem künstlichen Luftstrom gemessen. Die Versuche von Bendemann schliesslich sind im natürlichen Wind angestellt, indem ein Gleitflieger gefesselt und mit einem bestimmten Gewicht belastet vom Wind angehoben wird und wobei Windgeschwindigkeit und Richtung, Lage des Flugzeugs in der Luft und die Zugkraft der Fesselleine gemessen werden.

Jede der genannten Versuchsmethoden hat ihre Vorteile und Nachteile und bei jeder können gewisse Bedenken geäussert werden. Sofern aber die Resultate der Versuche eine nahe Übereinstimmung untereinander ergeben, wird man schliessen können, dass die gefundenen Zahlen für praktische Zwecke genügend genau sind.

Im Folgenden ist eine Zusammenstellung der verschiedenen Versuchszahlen, soweit sie für uns von Interesse sind, gegeben. Sie sind am Schluss des Bandes auf den Tafeln I und II mit den nötigen Angaben zusammengestellt.

Die Grösse der Koeffizienten weist manche Unstimmigkeiten auf, besonders manche der Frankschen Koeffizienten wollen sich allem Anschein nach nicht gut den anderen Zahlen anpassen. Das gilt speziell von den Körperformen, für die Frank seine kleinsten Widerstände ermittelt hat. Trotzdem dürften diese Zahlen, soweit sie mit den Zahlen für die allerdings anders geformten Körper anderer Experimentatoren vergleichbar sind, zu gross sein und könnten dann höchstens zum Vergleich unter sich dienen. Dass diese Zahlen anscheinend gross sind, obwohl andere Zahlen von Frank gut mit den Resultaten anderer Forscher übereinstimmen, könnte daran liegen, dass für ver-

---

[1]) Z. B. schwankt bei einem Pendelversuch die Geschwindigkeit zwis h n Null und einem Maximalwert, es kann also nicht eindeutig bestimmt werden, für welche Geschwindigkeit die Versuche gelten. Aber auch noch andere Dinge kommen hinzu.

hältnismässig langgestreckte Körper bei den Frankschen Versuchen die Sicherung für richtige und unveränderliche Lage der Körper gegenüber dem Luftstrom nicht genügend war.

Bei den Versuchen an Flächen sind die Versuchsresultate durch Kurven veranschaulicht, um einen Überblick und Vergleich zu ermöglichen. Ebenso ist das Flächenprofil, womöglich, mit Masszahlen angezeichnet und die Wanderung des Druckmittelpunkts für jede Fläche, wo solche Messungen vorliegen, gleichfalls dargestellt.

Ein Vergleich der Versuche an Flächen untereinander zeigt, dass im Grossen und Ganzen Übereinstimmung vorhanden ist. Trotzdem sind, besonders bei kleinem Anstellwinkel, öfters beträchtliche Differenzen vorhanden, die sich aus der Kleinheit der zu messenden Kräfte erklären dürften.

Trägt man im Dreikoordinatensystem die Resultate, die untereinander vergleichbar sind und unter sich eine Gesetzmässigkeit besitzen müssen, zusammen, wie das in Tafel IX und X Bd. II für eine Serie von Göttinger Versuchen geschehen ist, so zeigt sich, dass allem Anschein nach ziemliche Ungenauigkeiten, besonders bei den Rücktrieben, vorhanden sind. Die Versuchswerte selbst sind durch punktierte Linienzüge verbunden. Es ist durch die ausgezogenen Kurven der Versuch gemacht, die Ungenauigkeiten auszugleichen.

Die Versuche von Boltzmann dürften wohl nur qualitativen, aber weniger quantitativen Wert haben.

Die Göttinger Versuche zeigen eine wesentliche Steigerung des Auftriebs für in der Bewegungsrichtung schmale Flächen gegenüber tiefen Flächen. Doch ist bei einem solchen Vergleich auch die verschiedene Grösse der Flächen selbst zu beachten. Mit Berücksichtigung dieses Umstandes ist die Steigerung des Auftriebs nicht mehr gleich gross.

Die Versuche von Eiffel zeigen eine Abnahme des Auftriebs von Doppelflächen gegenüber einfachen Flächen. Für die Flächenmitte hat Eiffel auch die Druckverteilung über die Fläche bei einem bestimmten Anstellwinkel untersucht, die in den Tafeln XI bis XIV Bd. II dargestellt ist. Nun zeigt sich aus diesen Figuren, dass in der Mitte der Fläche die Drücke derart sind, dass ein höherer Auftrieb für Doppelflächen gegenüber einfachen Flächen zu erwarten wäre. Wenn die Messungen das Gegenteil ergaben, so müsste nach den Seiten zu für Doppelflächen eine verhältnismässig viel stärkere Druckabnahme als für einfache Flächen vorhanden sein, d. h, die seitliche Abströmung müsste ausserordentlich stark sein. Eine weitere Klarstellung dieser Verhältnisse wäre sehr erwünscht, besonders, weil daraus zu folgern wäre, dass Doppelflächen eine eigene Profilierung in der Querrichtung erforderten, um günstigere Resultate zu ergeben. Es könnte aber auch sein, dass in der Eiffelschen Darstellung ein Rechen- oder ein Zeichenfehler vorliegt, wie überhaupt eine Nachrechnung der mitgeteilten Zahlen und ein Nachzeichnen der Figuren an Hand dieser Zahlen fast auf jeder Seite Unstimmigkeiten ergibt, die den Wert des Buches von Eiffel stark beeinträchtigen.

Es könnte gefragt werden, welche Flächenformen nach den bisherigen Versuchen als die günstigsten anzusehen wären. Die Frage ist aber in dieser Form gar nicht zu beantworten, und zwar deshalb nicht, weil vielerlei Gesichtspunkte dabei mitsprechen. Ausser der Ökonomie, d. h. dem Bestreben, mit kleinen Motorleistungen grosse Tragwirkungen oder grosse Transportleistungen zu erzielen, spricht für und gegen die eine oder andere Form die bessere Lenkbarkeit oder eine leichter zu erreichende relative Stabilität, die grössere oder geringere Gleitfähigkeit, d. i. die Eignung der Flächenform für Gleitflugabstiege, sowie die Eignung der Fläche für genügende Beherrschung derselben bei hohen Fluggeschwindigkeiten. Je nachdem der eine oder andere Gesichtspunkt überwiegt, wird der einen oder anderen Flächenform der Vorzug zu geben sein.

In der ersten Zeit stand im Vordergrund die Stabilität, die man durch geeignete Form der Flächen zu verbessern bestrebt war, indem man solche Flächenformen bevorzugte, die eine geringe Wanderung des Druckmittelpunktes innerhalb eines Bereichs des Anstellwinkels zwischen etwa 0 und 8$^0$ aufwiesen. Speziell die Flächenformen von Bleriot weisen aus diesem Grund die starke vordere Krümmung auf. Am günstigsten scheinen in dieser Hinsicht Flächen mit aufgebogenem Ende.

Dann überwog das Streben nach grossen Fluggeschwindigkeiten. Damit die Maschine nicht zu empfindlich gegen kleine Lagenänderungen wird und andererseits nicht allzu grosse Motoren nötig werden, müssen Flächenformen gewählt werden, die eine relativ geringe spezifische Tragfähigkeit haben, bei denen also die Kurven für die Auftriebskräfte möglichst langsam ansteigen. Man sieht, dass die Ökonomie in den wenigsten Fällen im Vordergrund stand, sondern andere praktische Gesichtspunkte überwogen. Hier wird aber wohl noch ein Wandel eintreten. Die Verschiedenheit der zur Erreichung einer bestimmten Geschwindigkeit erforderlichen Motorstärke bei verschiedenen Maschinensystemen zeigt, wie weit man noch von einer allgemeinen und gleichmässigen Würdigung sämtlicher in Betracht kommenden Faktoren entfernt ist, und wird notwendig mit der Zeit die verschiedenen Bestrebungen und Ansichten auf eine mittlere Linie zusammenführen.

## Formeln zur Berechnung der Grösse des Luftwiderstandes. Widerstandskoeffizienten.

Bei der Besprechung der allgemeinen Vorgänge, die zur Erzeugung des Luftwiderstandes beitragen, war darauf hingewiesen worden, dass dieser Widerstand sich aus zwei Teilen zusammensetzt. Der eine Teil, herrührend von dem Flüssigkeitsdruck und dem Unterschied dieses Drucks, erscheint von der Form des Körpers und dem durch die Form bedingten Strömungsbild abhängig und wird deshalb Formwiderstand genannt; der andere Teil, der Oberflächenreibungswiderstand, rührt her von der an der Oberfläche des Körpers stattfindenden Flüssigkeitsreibung und ist zum Teil von der Grösse der Oberfläche, zum Teil aber auch von der Gestalt des Strömungsbildes abhängig insofern, als durch dasselbe Richtung und Grösse der Luftgeschwindigkeit an der Oberfläche bedingt ist.

Da der Flüssigkeitsdruck jedenfalls proportional der Geschwindigkeitshöhe $\frac{}{g} v^2$ ist, wo $\gamma$ das Gewicht der Raumeinheit der Flüssigkeit, g die Erdbeschleunigung und v die Geschwindigkeit des Körpers gegenüber der Luft bedeutet, so muss dieser erste Teil des Gesamtwiderstandes jedenfalls proportional diesem Ausdruck sein. Der Flüssigkeitsdruck war auf die gesamte Oberfläche des Körpers wirkend erkannt worden. Bei Körpern, die senkrecht zur Bewegungsrichtung symmetrische Form haben, werden sich aber alle Flüssigkeitsdrücke oder deren Komponenten, die nicht in die Bewegungsrichtung fallen, aufheben; für sie kommt also als wirksame Fläche nur die Projektionsfläche auf eine Ebene senkrecht zur Bewegungsrichtung in Frage, die man kurz mit Querschnitt in der Bewegungsrichtung bezeichnen kann. Ist dieser Querschnitt F und bezeichnet man schliesslich mit $K_f$ einen von der Form des Körpers abhängigen Koeffizienten, so wird der Formwiderstand des Körpers sein:

$$W_f = K_f F \frac{\gamma}{g} . v^2.$$

Der Reibungswiderstand wird von der Zähigkeit der Luft, von der bestrichenen Oberfläche und von der Geschwindigkeit abhängig sein, abgesehen von dem Wert $\frac{\gamma}{g}$. Er wird aber streng genommen nicht der Oberfläche proportional sein, weil die hinteren Partien der Fläche sozusagen im Schatten der vorderen liegen. Wird die Oberfläche mit 0 bezeichnet, so ergäbe eine genauere Untersuchung, dass er proportional $0^{3/4}$ wäre. Ebenso ist er nicht proportional dem Geschwindigkeitsquadrat, sondern proportional $v^{3/2}$, und man erhielte so einen Ausdruck von der Form $a . 0^{3/4} v^{3/2} \frac{\gamma}{g}$, in dem a ein Koeffizient wäre. Man begnügt sich aber, im allgemeinen im Interesse der Einfachheit, diesen Anteil des Gesamtwiderstandes mit

$$W_r = K_r . F . \frac{\gamma}{g} v^2$$

in die Rechnung einzusetzen, wo $K_r$ ein Koeffizient ist, der nunmehr natürlich seiner Grösse nach von dem obigen Koeffizienten a verschieden ist. Sonach ergibt sich für den Gesamtwiderstand:

$$W = W_f + W_r = K_f F \frac{\gamma}{g} v^2 + K_r F \frac{\gamma}{g} v^2 = F \frac{\gamma}{g} v^2 (K_f + K_r)$$

$$W = KF \frac{\gamma}{g} v^2, \qquad 1)$$

wobei K, soweit möglich, aus den gegebenen Zusammenstellungen zu entnehmen wäre.

Wieder geht aus dem Gesagten deutlich hervor, dass mit verändertem $v$ und verändertem F der Koeffizient sich ändern muss, diese Formel also nur anwendbar ist, solange diese Änderung nicht bedeutend ist. Praktische Rücksichten verbieten es aber, sich der komplizierteren zutreffenderen Formeln zu bedienen, und ein näheres Zusehen würde erweisen, es geht das auch aus den Andeutungen an anderen Stellen hervor, dass dann sofort neue Einschränkungen und Vorbehalte zu machen wären, die die praktische Anwendung der komplizierten Formel nicht genauer erscheinen lassen, als die Anwendung der einfacheren.

Ist der Körper nicht symmetrisch zur Bewegungsrichtung, so werden sich nach dem Gesagten die Komponenten des Flüssigkeitsdrucks, die senkrecht zur Bewegungsrichtung stehen, nicht mehr gegenseitig aufheben; die Verhältnisse werden damit um vieles verwickelter, es treten nunmehr auch Kräfte und Kraftkomponenten auf, die nicht in die Bewegungsrichtung fallen. Am einfachsten ist es, die Komponenten, die in die Bewegungsrichtung fallen, und diejenigen, die senkrecht dazu stehen, gesondert zu betrachten und zu bestimmen. Solche Körper sind die besonders interessierenden Tragdecken der Flugzeuge oder allgemein körperliche Flächen. Aber auch die Rumpfkörper von Flugzeugen würden hier zu nennen und zu behandeln sein, wenn über sie Versuchszahlen vorlägen. Das ist leider in brauchbarer Form nicht der Fall. Denkt man an die neuerdings vorhandenen Bestrebungen, diesen Rumpfkörpern geeignete spindelförmige Gestalt zu geben, und bedenkt, dass diese Körper beim Steuern nicht immer mit ihrer Achse in der Bewegungsrichtung liegen werden, so schiene eine Untersuchung solcher Körper wohl angebracht.[1])

[1]) Die Untersuchung von Luftschiffkörpern hat ergeben, dass bei geringen Schräglagen beträchtliche Momente auftreten, die eine Drehung

Bei unsymmetrischen Körpern wird man zur Bestimmung der von der Luft auf sie ausgeübten Kraft nach dem Gesagten diejenige Oberfläche des Körpers, über die sich die Unsymmetrie erstreckt, in Betracht ziehen müssen. Handelt es sich um den speziellen Fall von körperlichen Flächen, also von Körpern, deren Ausdehnung in der Hauptsache in zwei Richtungen liegt, bei denen aber in der Regel eine Symmetrie quer zur Bewegungsrichtung immerhin vorhanden ist, so wird man also die Luftkraft proportional der Fläche selbst setzen müssen. Ist quer zur Bewegungsrichtung eine Symmetrie vorhanden, so werden sich die Oberflächendrücke quer zur Bewegungsrichtung aufheben. Es bleiben dann nur noch die Komponenten der Drücke zu beachten, die 1. in die Bewegungsrichtung fallen, 2. senkrecht zur Bewegungsrichtung stehen und dabei nicht in die Richtung fallen, über die sich die Symmetrie erstreckt. Wäre schliesslich in keiner Richtung Symmetrie vorhanden, so kämen noch die dritten, auf den beiden anderen Komponenten senkrecht stehenden Druckkomponenten hinzu, ein Fall, der vorerst nicht interessiert.

Was früher über den Fall der symmetrischen Körper gesagt ist, gilt sinngemäss für jede der genannten Komponenten. Dementsprechend kann man mit allen früheren Einschränkungen und Vereinfachungen für die in die Bewegungsrichtung fallende Kraft schreiben:

$$H = k_h \cdot F \cdot \frac{\gamma}{g} \cdot v^2 \qquad 2)$$

und für die auf dieser senkrecht stehende Kraft

$$V = k_v \cdot F \frac{\gamma}{g} v^2, \qquad 3)$$

wobei $k_h$ und $k_v$ weiterhin zu bestimmende Koeffizienten wären, und wobei F nunmehr die in Frage kommende Oberfläche wäre. Die beiden Komponenten V und H gehören einer gemeinsamen

des Körpers in eine Lage, bei der die Achse senkrecht zur Bewegungsrichtung liegt, also eine Drehung um 90° anstreben. Diese Momente sind durch Stabilisierungsflächen unschädlich zu machen. Dieselben Momente sind dann auch bei den Rumpf-Körpern von Flugzeugen zu erwarten, die die Verhältnisse gegenüber dem Zustand ohne einen solchen Rumpfkörper ganz und gar verändern können.

Resultierenden an, deren Grösse K sei, womit

$$K = \sqrt{H^2 + V^2} = \sqrt{k_h^2 + k_v^2} \, . \, F \frac{\gamma}{g} v^2 = k \, . \, F \frac{\gamma}{g} v^2,$$

sodass dann auch

$$k = \sqrt{k_h^2 + k_v^2} \qquad 4)$$

Handelt es sich um den Fall eines Flugzeugs, so wäre V die Kraft, die der Tragkraft des Flugzeugs entspricht, H, von den übrigen Widerständen des Flugzeugs abgesehen, die Kraft, die den erforderlichen, durch Schraubenzug aufzubringenden Vortrieb darstellt.

Es leuchtet ein, dass es von allergrösstem Interesse wäre, die Grössen $k_h$ und $k_v$ zu bestimmen. Das scheint rein theoretisch noch weniger leicht durchführbar, wie für den immerhin einfacheren Fall des symmetrischen Körpers. Würde man von einer idealen reibungslosen Flüssigkeit ausgehen, so ergäbe sich für $k_h$ der Wert 0, während für $k_v$ allerdings endliche Werte errechnet würden. Der Einfluss der Flüssigkeitsreibung und Zähigkeit ist ausführlich dargetan und die dadurch bedingten komplizierten Vorgänge, die zu allem hin je nach der Lage der Fläche im Luftstrom sich im einzelnen ändern, lassen es kaum möglich erscheinen, eine Beziehung für $k_v$ und $k_h$ aufzustellen, die das ganze Bereich der denkbaren Lagen deckt.

Nun würde es für den praktischen Fall der Tragflächen für Flugzeuge genügen, wenn nur innerhalb eines kleinen Bereichs diese Beziehungen rechnerisch feststellbar wären, da ja die Winkel, unter denen diese Tragflächen gegen die Bewegungsrichtung stehen, stets klein sind. Es zeigen nun Versuche, dass die Kraft K ungefähr proportional mit dem Winkel der Fläche gegenüber der Bewegungsrichtung zunimmt, wobei der Kleinstwert für K im allgemeinen bei einem negativen Winkel erreicht wird, der für stark gekrümmte Flächen grösser ist als für schwach gekrümmte, während für ebene Flächen dieser Winkel Null wird. Bezeichnet man diesen negativen Winkel mit $\delta$, so könnte man demnach schreiben:

$$K = k' (\sigma + \delta) \, F \frac{\gamma}{g} v^2, \qquad 5)$$

wobei dann $\sigma$ den Winkel der Tragflächen gegenüber der Bewegungsrichtung bedeutet, ein Winkel, der gewöhnlich bei gewölbten Flächen durch den Winkel der Flächensehne mit der Bewegungsrichtung festgelegt wird. k' wäre nunmehr eine Konstante, die nur noch von der Form der Fläche, nicht mehr von ihrer Lage abhängig wäre. Setzt man

$$\sigma + \delta = \alpha,$$

so könnte man auch schreiben:

$$K = k' . \alpha . F \frac{\gamma}{g} v^2.$$

Nimmt man nun ferner an, dass K auf der Flächensehne stets senkrecht stünde, so ergäbe sich für die vertikale Kraft

$$V = K \cos \sigma = k' . (\sigma + \delta) F \frac{\gamma}{g} v^2 . \cos \sigma \qquad 6)$$

und für die horizontale Kraft

$$H = K . \sin \sigma = k' (\sigma + \delta) F \frac{\gamma}{g} v^2 . \sin \sigma . \qquad 7)$$

Da dann ferner für die kleinen in Frage kommenden Winkel $\cos \sigma$ nahezu gleich eins ist und $\sin \sigma$ nahezu gleich $\sigma$ selbst, im Bogenmass gemessen, so könnte man noch einfacher schreiben:

$$V = k' (\sigma + \delta) F \frac{\gamma}{g} v^2, \qquad 8)$$

$$H = k' (\sigma + \delta) \sigma F \frac{\gamma}{g} v^2. \qquad 9)$$

Vernachlässigt man schliesslich noch $\delta$, so ergäbe sich

$$V = k' \sigma F \frac{\gamma}{g} v^2, \qquad 10)$$

$$H = k' \sigma^2 F \frac{\gamma}{g} v^2. \qquad 11)$$

Man kann auch an Stelle der wirklich vorhandenen Fläche F mit dem Anstellwinkel $\sigma$ sich eine andere Fläche $F_0$ mit einem Winkel i substituiert denken und Koeffizienten $k_0$ derart, dass $V = k_0 \, i \, F_0 v^2$ und $H = k_0 \, i^2 F_0 v^2$ wird. (Gl. 12 u. 13.)

Es ist klar, dass sich diese Beziehungen nur sehr roh der Wirklichkeit nähern und dass sie nur den Wert der Einfachheit für sich haben, aber sie werden angeführt, weil man diese Beziehungen öfters in der Literatur findet, wo sie eine

Berechtigung haben, wenn kompliziertere Beziehungen, die der Wirklichkeit näher kämen, zu verwickelte Rechnungen ergeben würden.

Es trifft zunächst keineswegs zu, dass K auf der Flächensehne senkrecht steht, (ja schon die Gleichung 5) stellt keine allzu genaue Annäherung dar), sondern der Winkel zwischen K und der Sehne ändert sich je nach der Stellung der Fläche.

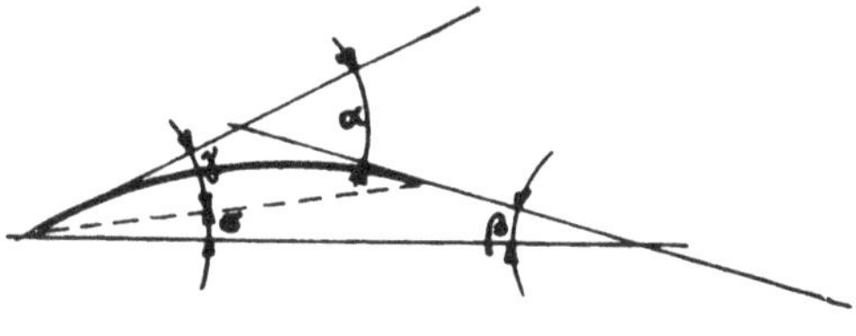

Fig. 13.

Man kann versucht sein, eine Rechnung von dem Strömungsbild ausgehend aufzustellen und die Stärke der Flächenkrümmung mit in Betracht zu ziehen. Nun lehrt der Augenschein, dass die Strömung am glattesten und relativ einfachsten wird, wenn die gekrümmte

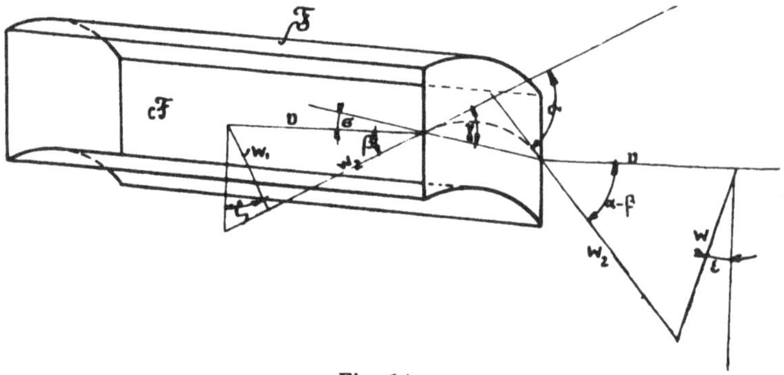

Fig. 14.

Fläche einen gewissen Überhang besitzt. Gelten die Bezeichnungen der Fig. 13, so wäre die Krümmung gekennzeichnet durch die Grösse des Winkels $\alpha$, die Grösse des Überhangs durch den Winkel $\beta$, während $\sigma$ die frühere Bedeutung hätte. Es wäre dann $\gamma = \beta + \sigma$. Für Kreisbogenkrümmung wäre $\gamma = \frac{\alpha}{2}$, sodass $\frac{\alpha}{2} = \beta + \sigma$ wäre. Der Augenschein lehrt ferner, dass, Kreisbogenwölbung vorausgesetzt, für einen Winkel von etwa $\beta = \frac{\alpha}{3}$ die Strömung am glattesten wird. Damit würde $\sigma = \frac{\alpha}{6}$. Nimmt man nun an, es handle sich um eine Strömung in einem Kanal, was ja der Wirklichkeit nicht ganz entspricht, dessen Querschnitt cF wäre, so ergibt sich das Bild der Fig. 14. Es ist also dabei angenommen, dass sämtliche die Fläche F umströmenden Flüssigkeitsfäden in ihrer Wirkung ersetzt werden könnten durch die Wirkung eines geschlossenen Flüssigkeitsstroms, der unter einem Winkel $\beta$ nach oben gerichtet gegen die Fläche anläuft und von ihr entsprechend ihrer Krümmung abgelenkt wird. Wie der Vorgang tatsächlich ist, ist ja auseinandergesetzt, und es fragt sich nur, ob und inwieweit sich diese Substitution im rechnerischen Resultat mit der Wirklichkeit deckt. Die Luft verlässt danach die Fläche mit einer absoluten Geschwindigkeit w unter einem Winkel $\delta$ gegen die Vertikale, während sie ursprünglich mit der Geschwindigkeit w unter $\zeta$ gegen die Vertikale vor der Fläche in die Höhe ging, sodass sie zu der mit der Geschwindigkeit $v$ vorwärts schreitenden Fläche die Relativgeschwindigkeit $w_2$ besitzt. Mit dieser Geschwindigkeit $w_2$ läuft dann die Luft an der Fläche entlang und tritt mit ihr an der Hinterkante aus. Dort ergibt dann die Zusammensetzung von $w_2$ und $v$ die absolute Austrittsgeschwindigkeit w der Luft. Man kann fragen, wie die Geschwindigkeit $w_1$ der Luft vor der Tragfläche zustande kommt, dass sie tatsächlich vorhanden, lehren die Strömungsbilder, und man kann sie als durch w erzeugt denken, indem durch w eine Luftbewegung vom hinteren Ende der Fläche nach vorn eingeleitet wird.

Es ist dann

$$w_2 = \frac{v}{\cos\beta} - w_1 \frac{\sin\zeta}{\cos\beta} = (v - w_1 \sin\zeta)\,\frac{1}{\cos\beta},$$

danach ist

$$w = \frac{1}{\sin\varepsilon}\Big(v - w_2\cos(\alpha-\beta)\Big)$$

$$= \frac{1}{\sin\varepsilon}\left(v - \frac{v}{\cos\beta}\cos(\alpha-\beta) + w_1 \sin\zeta\,\frac{\cos(\alpha-\beta)}{\cos\beta}\right).$$

Mit

$$\sin \zeta = \frac{v}{w_1}(1 - \cos \beta) \text{ erhält man einfacher}$$

$$w_2 = v$$

$$w = \frac{1}{\sin \varepsilon}\Big(1 - \cos(\alpha - \beta)\Big) v.$$

Führt man nunmehr für Kreisbogenwölbung

$$\beta = \frac{\alpha}{3} \quad \text{und} \quad \varepsilon = \frac{\alpha}{3}$$

ein, so ergibt sich

$$w = \frac{1}{\sin \frac{\alpha}{3}}\left(1 - \cos \frac{2}{3}\alpha\right) v = 2 \sin \frac{\alpha}{3} v$$

$$w_1 = 2 \sin \frac{\alpha}{6} \cdot v.$$

Bei diesen Annahmen würde also die Luft auf die Geschwindigkeit w beschleunigt werden, während sie mit der Geschwindigkeit $w_1$ der Fläche zuströmt, wobei $w_1$ ca. $\frac{w}{2}$ wäre Für den Schraubenvortrieb und den Energieverbrauch kämen aber nur die horizontalen Geschwindigkeitsänderungen in Betracht, d. h. die horizontalen Komponenten von w und $w_1$ Diese sind:

$$w_h = w \sin \frac{\alpha}{3} = 2 v \sin^2 \frac{\alpha}{3}$$

$$\text{und} \quad w_{1h} = w_1 \sin \frac{\alpha}{6} = 2 v \sin^2 \frac{\alpha}{6}.$$

Es ist also $w_{1h}$ ungefähr der 4. Teil von $w_h$. Es findet somit eine teilweise Rückgewinnung der zur Erzeugung von $w_h$ aufzuwendenden Energie durch das Anströmen der Luft gegen die Tragfläche statt. Diese Rückgewinnung wäre vollständig wenn $w_h$ gleich $w_{1h}$ wäre, womit die Winkel $\zeta$ und $\beta$ anderen Werte annehmen müssten, und man hätte dann Analogie mit dem Fall der reibungslosen Flüssigkeitsströmung.

Man kann sich von der Abweichung zwischen der idealen Strömung in reibungsloser Flüssigkeit und der wirklichen ein

Bild machen, indem man nach Rauchbildern, wie sie z. B. von Wagener veröffentlicht sind, die absoluten Luftgeschwindigkeiten bei ruhender Luft und bewegter Fläche bestimmt. Man findet dann, dass die hier angenommene Strömung sich dem Wesen nach vollständig mit der Wirklichkeit deckt, wobei natürlich immer der Unterschied bestehen bleibt, dass hier ein begrenzter Flüssigkeitsstrahl an Stelle einer unbegrenzten Strömung gesetzt ist.

Es können die Drücke gerechnet werden, die bei dieser, an Stelle der wirklichen Strömung gedachten auf die Fläche F geäussert würden. Nach dem Satz vom Antrieb erhält man für die Horizontalkraft

$$H = c\,F\,\frac{\gamma}{g}\,v\,(w_h - w_{1h}) = 2\,c\,F\,\frac{\gamma}{g}\,v^2\left(\sin^3\frac{\alpha}{3} - \sin^2\frac{\alpha}{6}\right)$$

$$= k\,.\,F\,\frac{\gamma}{g}\,v^2\,.\,\sin\frac{\alpha}{2}\,\sin\frac{\alpha}{6}. \qquad 14)$$

Ebenso erhält man für die Vertikalkraft

$$V = c\,F\,\frac{\gamma}{g}\,v\,(w\,.\,\cos\varepsilon + w_1\,\cos\zeta)$$

$$= 2\,c\,F\,\frac{\gamma}{g}\,v^2\left(\sin\frac{\alpha}{6}\,.\,\cos\frac{\alpha}{3} + \sin\frac{\alpha}{3}\,\cos\frac{\alpha}{6}\right)$$

$$= k\,.\,F\,\frac{\gamma}{g}\,v^2\,\sin\frac{\alpha}{2}. \qquad 15)$$

$k = 2\,c$ wäre ein Koeffizient, der angeben würde, in welche Tiefe die Luft von dem ganzen Vorgang in Mitleidenschaft gezogen würde. Es zeigt sich, dass c zwischen 0,7 und 0,5 etwa schwankt, was heissen würde, dass der an Stelle der Wirklichkeit gedachte Luftstrom einen Querschnitt von $^3/_4$ bis $^1/_2$ F besitzt.

Es war früher gesagt worden, dass auch ein Teil der Luft seitlich von der Fläche abströme und eine seitliche Luftzirkulation bedinge. Dadurch wird V mehr als H beeinflusst werden, es wird also nicht bei allen Flächenformen zu erwarten sein, dass der Wert k für Vortrieb und Auftrieb gleiche Grösse hat. Man wird, um das zu berücksichtigen, für den Auftrieb den Koeffizienten $k_1$, für den Rücktrieb $k_2$ einführen.

Eine solche seitliche Abströmung wird im vorstehenden Gedankengang zur Folge haben, dass an den seitlichen Flächenenden der Wert w kleiner wird als in der Mitte. Da durch ihn aber die Grösse von $w_1$ jedenfalls bedingt ist, so werden die seitlichen Flächenenden unter ungünstigeren Verhältnissen arbeiten müssen, es wird bei ihnen kein so starkes Anströmen der Luft gegen die Fläche zu bemerken sein wie in der Mitte. Diesen veränderten Verhältnissen wären die Flächenenden in ihrer Formgebung entsprechend anzupassen.

Bei Aufstellung der Formeln für V und H waren die Oberflächenreibung, Stirnwiderstände der Fläche usw. nicht berücksichtigt. Diese werden in der Hauptsache auf H von Einfluss sein, während sie für V vernachlässigbar erscheinen. Dementsprechend wäre für H der Betrag $F \frac{\gamma}{g} v^2 . k_3$ hinzuzufügen.

Die aufgestellten Beziehungen würden Auftrieb und Rücktrieb nur für eine bestimmte Flächenstellung mit $\sigma = \frac{\alpha}{6}$ angeben. Vergleiche mit ausgeführten Versuchen zeigen jede wünschenswerte Übereinstimmung. Sie zeigen auch, dass diese Stellung die günstigste für eine Fläche ist, insofern, als ungefähr bei $\sigma = \frac{\alpha}{6}$ der Wert $\frac{V}{H}$ ein Maximum ist, die aufgewendete Vortriebskraft also jedenfalls die beste Ausnützung zur Erzeugung einer bestimmten Hubkraft erfährt.

Es ist aber nötig, auch für andere Anstellwinkel als den von der Grösse $\frac{\alpha}{6}$ Auftrieb und Rücktrieb zu kennen. Es werden dadurch die Formeln natürlich verwickelter. Der Auftrieb nimmt ziemlich genau mit dem Anstellwinkel zu und erreicht bei einem negativen Anstellwinkel $\delta$, wie schon ausgeführt, den Wert Null, dementsprechend kann man für einen beliebigen Anstellwinkel $\sigma$ setzen:

$$V = k_1 F \frac{\gamma}{g} v^2 . \frac{\sigma + \delta}{\sigma_0 + \delta} \sin \frac{\alpha}{2} \text{ worin } \sigma = \frac{\alpha}{6} \text{ ist.} \qquad 16)$$

Für den Rücktrieb erhält man eine gute Übereinstimmung mit Versuchen, wenn man schreibt

$$H = F \frac{\gamma}{g} v^2 \left[ k_2 \left( \frac{\sigma + \delta}{\sigma_0 + \delta} \right)^2 \sin \frac{\alpha}{2} \sin \frac{\alpha}{6} + k_3 + k_4 \, (\sigma_0 - \sigma) \right]. \quad 17)$$

Hierbei würde also ein drittes Glied hinzugefügt sein, das der vermehrten Wirbelbildung Rechnung tragen soll, während für das erste Glied angenommen ist, dass es sich mit dem Quadrat des für V hinzugefügten Bruchs ändert.

Haben Flächen veränderliche Wölbung und veränderlichen Winkel $\sigma$ in symmetrischer Ausbildung nach rechts und links, so kann man die Berechnung genügend genau mit mittleren Werten für $\sigma$ und $\alpha$ durchführen.

Zur Prüfung der Formeln wurden zuerst die Versuche von Föppl an Platten mit Kreisbogenkrümmung verwendet. Um die Ungleichheiten der Versuchsergebnisse auszugleichen, wurden zusammengehörige Versuchsserien im Dreikoordinatensystem aufgezeichnet, wie in Tafel IX und Tafel X Bd. II, an einem Beispiel dargetan ist und damit eine Interpolation ermöglicht. Es zeigt sich zunächst, dass für $\sigma_0 = \frac{\alpha}{6}$ eine vollständige Übereinstimmung zwischen Versuch und Rechnung erreichbar ist, wenn man $k_1 = 1{,}40$ und $k_2$ je nach dem Verhältnis der Plattentiefe zur Plattenbreite, zwischen 1 und 1,40 wählt. Zu gleicher Übereinstimmung kommt man bei Prüfung der Formeln an den Eiffelschen Versuchszahlen.

Handelt es sich nicht um Kreiskrümmung, so müsste für $\sigma_0 = \frac{\alpha}{6}$ ein anderer Wert für $\sigma_0$ treten. Jedoch erlauben die relativ wenig zahlreichen untersuchten Flächenprofile keine Entscheidung in dieser Hinsicht. Der Winkel $\alpha$ ist dann als mittlerer Krümmungswinkel der Vorder- und Rückseite aufzufassen, wenn Vorder- und Rückseite verschiedene Krümmung besitzen. Unter dieser Festsetzung ist durch geeignete Wahl von $k_1$, $k_2$, $k_3$ und $k_4$ gleichfalls eine gute Übereinstimmung zu erzielen, wenn auch bei der geringen Zahl der Profile die Festsetzung der Werte k notwendig etwas willkürlich erscheint.

In den Tafeln IX bis XVIII Bd. II, sind in Kurven eine Anzahl Versuchsresultate wiedergegeben und die Grösse der Koeffizienten k, durch die eine rechnerische Darstellung möglich ist, angegeben. Es zeigt sich, dass die Übereinstimmung in dem praktisch wichtigen Gebiet zwischen den Versuchsresultaten der Kurvenzusammenstellungen und den gegebenen Formeln gut ist. Die Werte $k_1$, $k_2$, $k_3$, $k_4$ und $\delta$ sind bei jeder Flächenform in der Zusammenstellung gleichfalls angegeben. Soweit man aus den Versuchen an Flächen mit Kreisbogenwölbung schliessen kann, scheinen die Koeffizienten für gleiche Stärke der Wölbung konstant und nur $k_1$ ist je nach dem Seitenverhältnis der Fläche verschieden, während sich $\delta$ mit der Stärke der Wölbung ändert. Es müssten aber noch umfangreichere Versuche vorliegen, um das ganze Gebiet überblicken zu können.

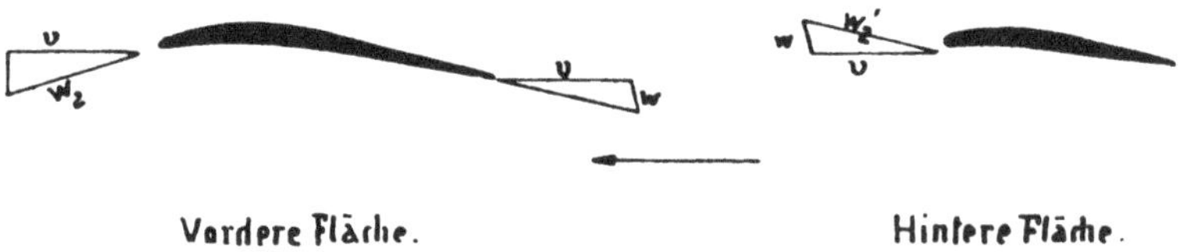


Fig. 15.

Um von den Versuchen in kleinen Abmessungen auf grosse Flächen schliessen zu können, wird man zunächst nur ganz allgemein mit Eiffel sagen können, dass eine Vergrösserung der Kräfte V und H um ungefähr 10% eintritt.

Liegt eine Fläche hinter einer andern (Schwanzflächen), so wird sie bei der Vorwärtsbewegung in einen Luftstrom geraten, dem zuvor von der vorderen Fläche eine durchschnittliche Geschwindigkeit w schräg abwärts erteilt wurde. Für sie liegen dann die Verhältnisse anders, wie für die Vorderfläche. Es wird von dem Abstand beider Flächen horizontal und vertikal abhängen, inwieweit diese Geschwindigkeit w noch nach Grösse und Richtung vorherrscht. Man erhält dann als relative Geschwindigkeit der Luft, gegenüber der Fläche die Geschwindigkeit $w'_2$ Fig. a nach Grösse und Richtung, während für die vordere Fläche mit einer Relativgeschwindigkeit $w_2$ nach Grösse und Richtung zu rechnen war. Man sieht, wieviel ungünstiger die Verhältnisse für die hintere Fläche liegen und dass sie steiler stehen muss als die Vorderfläche, sollte sie gleichen spezifischen Auftrieb wie diese erfahren, womit aber der Rücktrieb bedeutend grösser ausfallen würde.

---

# B. Arbeitsaufwand zum Schweben.

## Allgemeines.

Um einen Körper vom Gewicht G von der Höhe $h_1$ auf die Höhe $h_2$ zu heben, ist ein Arbeitsaufwand von G $(h_2—h_1)$ mkg nötig, soll das in t Sekunden geschehen, so ist eine Leistung von $\frac{G(h_2-h_1)}{t}$ mkg/sec $= \frac{G(h_2-h_1)}{757}$ Ps erforderlich. Ist $h_1$ gleich $h_2$, d. h. ändert sich die Höhenlage nicht, so wäre eine Arbeitsleistung, um ihn in dieser Höhe zu halten, nicht erforderlich. Es müsste nur eine seinem Gewicht entsprechende Kraft auf ihn ausgeübt werden. Es entsteht die Frage, welche Mittel stehen uns zu Gebot, um diese Kraft auf den Körper auszuüben, wenn er, wie beim Flug in der freien Luft, schwebt, also eine Stützung durch feste Körper ausgeschlossen ist. Wir finden, dass nur dynamische Kräfte zur Verfügung stehen, die kurz unter dem Begriff Massenkräfte zusammengefasst werden. Beschleunigt man einen Körper, so ist hierzu eine Beschleunigungskraft auf ihn auszuüben und mit dieser Beschleunigungskraft widerstrebt, solange die Beschleunigung anhält, der Körper der ihm aufgezwungenen Bewegung. Steht jemand auf einem abrutschenden Felsblock, so kann er sich unter günstigen Umständen durch einen kühnen Sprung in Sicherheit bringen, auch wenn er, um den rettenden Felsrand zu erreichen, in die Höhe springen muss. Der Felsblock wird allerdings um so schneller in die Tiefe gehen und zwar um einen Betrag, wie er der Kraft entspricht, die der Mann für seinen Sprung auf den Felsrand aufwenden musste. Alles hängt also, wenn man ohne festen Stützpunkt zu haben, seine Höhenlage einhalten will, davon ab, dass Körper oder Massen zur Verfügung stehen, auf deren Kosten man diese Höhenlage einhalten kann, d. h. auf die man Beschleunigungskräfte von der Grösse des in der Schwebe zu haltenden Gewichts ausüben kann. Dabei werden dann diese Körper in die Tiefe geschleudert werden. An solchen Massen steht in freier Luft nur die Masse der umgebenden Luft zur Verfügung. Diese Luft muss mit irgend welchen Vorrichtungen nach unten geschleudert werden. Der Rückdruck wird dann diejenige Vorrichtung, die die Luftbewegung hervorbringt, bei geeigneten Verhältnissen in der Schwebe halten. Um einen Körper von der Geschwindigkeit Null auf eine geforderte Geschwindigkeit zu bringen, ist nun aber ein berechenbarer Arbeitsaufwand erforderlich, entsprechend der sogenannten lebendigen Kraft, die der Körper nach Erlangung dieser Geschwindigkeit besitzt. Damit befindet man sich im scheinbaren Widerspruch zu früheren Festsetzungen.

Denkt man sich die in Bewegung gesetzte Luft als vollkommen elastisch und ebenso die Erdoberfläche und denkt man sie sich ausserdem als kompakte Masse, so wird die Luft, einmal in Bewegung gesetzt, von der Erde abprallen und mit der ihr ursprünglich erteilten Geschwindigkeit wieder in die Höhe gelangen und beim Auftreffen auf die Vorrichtung, die ihr ursprünglich die Geschwindigkeit erteilte, ihre lebendige Kraft wieder abgeben. Es wäre also nur erstmalig die Luft in Bewegung zu setzen und weiterhin ein Energieaufwand nicht mehr nötig. Damit wäre Übereinstimmung mit der ersten Festsetzung erreicht und es fragt sich nur, wie weit dieser Vorgang praktisch verwirklicht werden kann. Es war früher auseinandergesetzt, dass eine Vorwärtsbewegung eines Körpers in einer reibungslosen Flüssigkeit ohne Widerstand möglich wäre, es war später gezeigt, dass eine gewölbte Fläche in einer solchen Flüssigkeit ohne einen Vorwärtsbewegungswiderstand zu erfahren, einen Auftrieb abgeben könnte. Die Übereinstimmung dieser Tatsachen mit der vorliegenden tritt klar zu Tag.

Sieht man von der Möglichkeit jeder Rückgewinnung ab, denkt man sich durch eine geeignete Vorrichtung einen Luftstrom vom Querschnitt F und der Geschwindigkeit c senkrecht nach unten erzeugt, so ist die sekundlich nach unten beförderte Luftmasse, wenn $\gamma$ das spezifische Gewicht der Luft und g die Erdbeschleunigung ist, gleich $F \frac{\gamma}{g} c$, der Rückdruck oder die aufzuwendende Beschleunigungskraft ist $F \frac{\gamma}{g} c \cdot c$. Wiegt die Vorrichtung G kg, so wird sie demnach schweben, wenn

$$G = F \frac{\gamma}{g} c^2 \quad \text{ist.}$$

Die Arbeit, die sekundlich erforderlich ist, um die sekundliche Luftmasse $F \frac{\gamma}{g} c$ auf die Geschwindigkeit c zu bringen, ist

$$E = F \frac{\gamma}{g} c \frac{c^2}{2} = F \frac{\gamma}{g} \frac{c^3}{2}, \qquad 1)$$

drückt man E durch G aus, bestimmt also, welche Leistung erforderlich ist, um das Gewicht G in der Schwebe zu halten, so ergibt sich

$$E = G \frac{c}{2} \qquad 2)$$

oder auch, wenn man weiterhin c durch F und G ausdrückt,

$$E = \frac{G}{2} \sqrt{\frac{Gg}{F\gamma}}. \qquad 3)$$

Daraus würde folgen, E wird um so kleiner, je grösser F ist, es kommt demnach alles darauf an, einen Luftstrom von möglichst grossem Querschnitt und möglichst geringer Geschwindigkeit zu erzeugen, um ein möglichst grosses Gewicht mit möglichst geringem Energieaufwand in der Schwebe halten zu können. Man sieht ausserdem, wie überwiegend der Einfluss von G gegenüber F ist, d. h. man sieht, dass, wenn man gleichzeitig mit G auch F verdoppelt, so wird trotzdem die doppelte Energie nötig sein, um das verdoppelte Gewicht zu tragen. Erst wenn man bei Verdoppelung von G die Grösse des Querschnitts F verachtfacht, wird man mit der ursprünglichen Energie auskommen können.

Man sieht ausserdem, dass, je grösser $\gamma$, um so kleiner wird E. Da Wasser rund 800 mal so schwer wie dasselbe Volumen Luft ist, würde im Wasser (abgesehen vom statischen

Auftrieb) nur rund der 28. Teil derjenigen Energie aufzuwenden sein, die in der Luft bei sonst gleichen Verhältnissen nötig ist.

Welcher Art die Vorrichtung ist, mit der die Beschleunigung der Luft erzeugt wird, ist, soweit nicht der Wirkungsgrad und das Gewicht der Vorrichtung in Frage kommt, dabei ganz gleichgültig. Es könnte sich um irgend welches Gebläse, ein Ventilatorrad oder um ein Hubschraube handeln. Den Rückdruck wird die Luft bei der ihr aufgezwungenen Beschleunigung jedenfalls auf den Teil der Vorrichtung äussern, der ihr die Beschleunigung erteilt, im Falle des Ventilatorrades also jedenfalls auf dieses Rad. Ist dessen Oberfläche O und tritt die Luft mit der Geschwindigkeit w durch das Rad, so entspricht dem die sekundliche Arbeit E, da der Rückdruck gleich G ist, so dass $E = Gw$ ist.

Wir hatten zuvor festgestellt, dass

$$E = G\frac{c}{2}$$

sei. Daraus würde folgen, dass

$$w = \frac{c}{2} \qquad 4)$$

ist, d. h., dass die Luft beim Passieren der Vorrichtung noch nicht ihre volle Geschwindigkeit c, sondern erst die halbe Geschwindigkeit habe. Andererseits folgt daraus, dass

$$O = 2F \qquad 5)$$

sein muss, wenn F, wie zuvor, der Querschnitt des voll beschleunigten Luftstroms ist.

Man könnte zur Bestimmung von E auch folgenden Gedankengang einschlagen: Besitzt ein Körper vom Gewicht G eine Fläche O senkrecht zur Bewegungsrichtung, und in freier Luft die Endfallgeschwindigkeit w, so wird er in jeder Sekunde w Meter herabfallen. Sollte er an seiner Stelle im Raum verharren, so müsste er somit in jeder Sekunde um w Meter gehoben werden. Dazu wäre die Leistung

$$E = Gw$$

erforderlich. An der Oberfläche des Körpers besässe dann die Luft die Geschwindigkeit w, sie wäre aber an dieser Oberfläche noch ausserdem unter Pressung und hätte noch nicht die volle

Geschwindigkeit, sondern würde noch weiter beschleunigt (sonst könnte sie ja auch auf den Körper keinen Rückdruck mehr ausüben, der eine weitere Fallbeschleunigung des Körpers selbst verhindert) und zwar im Sinn der vorausgehenden Entwickelung auf die Geschwindigkeit

$$c = 2w,$$

womit sich wieder wie zuvor ergiebt:

$$F = \frac{O}{2},$$

wenn auch dieser Fall mit dem vorigen im Detail wohl kaum vergleichbar erscheint.

Wendet man diese Überlegungen auf Flugzeuge im engeren Sinn, also auf Flugdrachen an, so würde auch in diesem Fall alles darauf hinauskommen, dass er ein Mittel darstellt, die Luft abwärts zu beschleunigen, so dass ein Rückdruck erzeugt wird, der dem Gewicht des Flugzeugs entspricht. Es wäre dann im Interesse einer geringen erforderlichen Leistung notwendig, dass der Querschnitt des erzeugten Luftstroms möglichst gross und die ihm erteilte Geschwindigkeit möglichst klein wäre. Es wäre ferner wünschenswert, dass ein möglichst grosser Betrag der der Luft erteilten lebendigen Kraft zurückgewonnen werden könnte.

Bei Besprechung des Luftwiderstandes war schon gezeigt, dass die Luft tatsächlich durch die Tragflächen von Flugzeugen eine Abwärtsbeschleunigung erfährt, es war auch gezeigt, wie die Luft vor den Trägflächen gegen diese anströmt, also eine gewisse Rückgewinnung von Energie stattfindet.

Man könnte also auch, um die zum Fliegen erforderliche Leistung zu bestimmen, lediglich so verfahren, dass man die Luftwiderstands-Formeln für Tragflächen anwendet, indem man das Gewicht G des Ganzen gleich der vertikalen Kraftkomponente V setzt und aus der horizontalen Komponente H die erforderliche Leistung bestimmt.

Jede der angegebenen Rechnungen muss natürlich auf dasselbe hinauskommen, die dabei gefundene Übereinstimmung kann deshalb nicht Wunder nehmen. Gerade diese Übereinstimmung deckt aber die inneren Zusammenhänge und die innere

Verwandtschaft der scheinbar ganz verschiedenen Gedankengänge auf.

Geht man von den Formeln für den Widerstand, den Flächen erfahren, wenn sie durch die Luft vorwärts bewegt werden, aus, so erhält man für die zum Fliegen erforderliche Energie $E_f$, wenn man mit einem Anstellwinkel $\sigma = \sigma_0 = \frac{\alpha}{6}$ als dem günstigsten und demnach folgerichtig zu verwendenden Winkel rechnet, und wenn G wie vorher das zu tragende Gewicht bedeutet

$$G = V = k_1 F \frac{\gamma}{g} v^2 \sin \frac{\alpha}{2} \qquad 6)$$

$$H = F \frac{\gamma}{g} v^2 \left(k_2 \sin \frac{\alpha}{2} \sin \frac{\alpha}{6} + k_3\right) \qquad 7)$$

$$E_f = H \,.\, v = F \frac{\gamma}{g} v^3 \left(k_2 \sin \frac{\alpha}{2} \sin \frac{\alpha}{6} + k_3\right) \qquad 8)$$

drückt man $v$ in G aus, so wird

$$E_f = \frac{G}{k_1 \sin \frac{\alpha}{2}} \sqrt{\frac{Gg}{k_1 F \gamma \sin \frac{\alpha}{2}}} \left(k_2 \sin \frac{\alpha}{2} \sin \frac{\alpha}{6} + k_3\right) \text{ in mkg/sec.} \qquad 9)$$

In dieser Gleichung sind $k_1$, $k_2$, $k_3$, $\sin \frac{\alpha}{2}$, $\sin \frac{\alpha}{6}$ nur von der Art des gewählten Flächenprofils- und umrisses abhängig, also für ein und dieselbe Flächengattung konstant. Setzt man demzufolge

$$\frac{k_2 \sin \frac{\alpha}{2} \sin \frac{\alpha}{6} + k_3}{k_1 \sin \frac{\alpha}{2} \sqrt{k_1 \sin \frac{\alpha}{2}}} = A_f \qquad 10)$$

so erhält man

$$E_f = G \sqrt{\frac{Gg}{F\gamma}} \,.\, A_f, \qquad 11)$$

woraus sich dieselben Schlussfolgerungen ergeben, wie für die frühere Gleichung

$$E = \frac{G}{2} \sqrt{\frac{Gg}{F\gamma}}.$$

Der Vergleich beider Formeln lehrt, dass, wenn eine teilweise Rückgewinnung der aufgewendeten Energie erreicht werden soll, $A_f$ jedenfalls kleiner als $^1/_2$ sein muss, von Nebenwiderständen, die nicht durch die Tragflächen selbst bedingt sind, abgesehen. Die Gleichung für H berücksichtigt ja nur den Widerstand, den die Tragfläche selbst bei der Vorwärtsbewegung erfährt. Handelt es sich um ein Flugzeug, so treten zu diesem Widerstand noch die Widerstände aller anderen Teile der Maschine, die nicht direkt Tragfläche sind, hinzu, und die unter dem Namen Stirnwiderstände zusammengefasst werden sollen. Solche Teile sind der Rumpf, der Motor, der Führer, Drähte, Stangen, Steuerflächen, Untergestell, Räder usw. Bezeichnet man mit S die Summe sämtlicher in Betracht kommender Teile und mit k deren mittleren Widerstandskoeffizienten, so dass der Widerstand dieser Teile wird

$$W = kS \frac{\gamma}{g} v^2 \qquad 12)$$

und die Energie für Überwindung dieses Widerstandes

$$E_w = kS \frac{\gamma}{g} v^3 \qquad 13)$$

so erhält man als erforderlichen Schraubenzug und Gesamtenergie für den Flug

$$Z = H + W = F \frac{\gamma}{g} v^2 \left(k_2 \sin\frac{\alpha}{2} \sin\frac{\alpha}{6} + k_3\right) + kS \frac{\gamma}{g} v^2$$

$$= F \frac{\gamma}{g} v^2 \left(k_2 \sin\frac{\alpha}{2} \sin\frac{\alpha}{6} + \frac{k_3 F + kS}{F}\right) = F \frac{\gamma}{g} v^2 B \qquad 14)$$

$$E = E_f + E_w = F \frac{\gamma}{g} v^3 \left(k_2 \sin\frac{\alpha}{2} \sin\frac{\alpha}{6} + k_3\right) + kS \frac{\gamma}{g} v^3$$

$$= F \frac{\gamma}{g} v^3 \left(k_2 \sin\frac{\alpha}{2} \sin\frac{\alpha}{6} + \frac{k_3 F + kS}{F}\right) \qquad 15)$$

Drückt man wieder $v$ durch G aus, so erhält man

$$E = \sqrt{\frac{Gg}{F\gamma}} \,.\, A, \text{ worin} \qquad 16)$$

$$A = \frac{k_2 \sin\frac{\alpha}{2} \sin\frac{\alpha}{6} + \frac{k_3 F + kS}{F}}{k_1 \sin\frac{\alpha}{2} \sqrt{k_1 \sin\frac{\alpha}{2}}} \quad \text{ist,} \qquad 17)$$

also nunmehr nicht nur von der Art der Tragflächen, sondern auch von dem Verhältnis der Tragfläche zum Stirnwiderstand abhängig erscheint.

Man wird bestrebt sein, die Stirnwiderstände möglichst klein zu machen. Sie treten, wie aus dem Wert für A hervorgeht, um so mehr zurück, je grösser F ist. Man wird aber auch bestrebt sein müssen, A so klein wie möglich zu erhalten. Dazu müsste auch $k_2 \sin\frac{\alpha}{2} \sin\frac{\alpha}{6}$ klein gewählt werden müssen, sofern nicht auch der Nenner dadurch sich soweit verkleinert, dass der Gesamtwert A schliesslich. anstatt kleiner zu werden, grösser wird. Man wird also untersuchen müssen, für welche Werte von $\alpha$, eine bestimmte Flächengattung vorausgesetzt, A seinen Kleinstwert erhält. Hat man diesen Kleinstwert gefunden, so hätte man damit die Aufgabe gelöst, für eine Maschine von gegebener Tragflächengattung und Grösse erreicht zu haben, dass mit möglichst kleinem Wert von E das getragene Gewicht so gross wie möglich wird.

## Günstigste Verhältnisse.

Es waren früher für näherungsweise Berechnung der Wirkung einer Tragfläche die Formeln angegeben:

$$V = k_0 \, i \, F_0 \, v^2 \qquad 1)$$

$$H = k_0 \, i^2 \, . \, F_0 \, v^2 \qquad 2)$$

worin V den Auftrieb, der dem Gewicht entsprechen muss, H den von der Schraubenkraft Z zu überwindenden Rücktrieb darstellt, so dass man auch unter Hinzufügung der Stirnwiderstände schreiben kann:

$$G = k_0 \, i \, F_0 \, v^2 \qquad 3)$$

$$Z = H + W = k_0 \, i^2 \, . \, F_0 \, v^2 + w \, . \, v^2$$

$$= v^2 \, (k_0 \, i^2 \, F_0 + w) \qquad 4)$$

und daraus

$$E = Z \, . \, v = v^3 \, (k_0 \, i^2 \, . \, F_0 + w). \qquad 5)$$

Man könnte nun zwei verschiedene Forderungen stellen; erstens, dass man mit einer möglichst geringen Leistung auskommt, und zweitens, dass man mit einem möglichst geringen

Schraubenzug auskommt, um das Gewicht G zu tragen. Die Bedeutung der ersten Forderung ist ohne weiteres klar, sie bedeutet, dass die Hubleistung der Maschine möglichst gross sei. Die zweite Forderung bedeutet zunächst, dass die Widerstände beim Fliegen möglichst klein seien, sie hat aber eine noch weitergehende Bedeutung, die klar wird, wenn man in der Gleichung für Z zunächst $v$ durch G ausdrückt, womit man erhält

$$Z = \frac{G}{k_0\, i\, F_0} \cdot (k_0\, i^2 \,.\, F_0 + w).$$

Multipliziert man beiderseits mit $v$, so wird

$$Zv = E = \frac{Gv}{k_{0i}\, F_0} (k_{0i}^2\, F_0 + w)$$

oder

$Z \,.\, v = E = Gv \,.\, K$, worin K eine Konstante wäre.

Damit wird

$$\frac{Gv}{E} = \frac{1}{K} = \frac{G}{Z}.$$

$\frac{Gv}{E}$ stellt die Transportleistung der Maschine dar, d. h. $\frac{Gv}{E}$ gibt an, mit welcher Geschwindigkeit eine Last G durch die Leistung E transportiert werden kann und stellt ganz allgemein einen Gütefaktor für ein Verkehrsmittel dar, bei dem es ja wünschenswert sein muss, eine möglichst grosse Last mit möglichst geringem Energieaufwand möglichst schnell zu transportieren. Die Transportleistung wird um so günstiger, je grösser $\frac{Gv}{E}$ ist; da aber $\frac{Gv}{E} = \frac{G}{Z}$ ist, so wird $\frac{Gv}{E}$ am grössten, wenn Z so klein wie möglich ist.

Die zweite Forderung, dass Z so klein wie möglich sein soll, kommt also darauf hinaus, dass die Transportleistung der Maschine möglichst gross sein soll. Es zeigt sich, dass die erste Forderung, dass E so klein wie möglich wird, erfüllt ist, wenn

$$3\,w = k_0\, F_0\, i^2 \qquad 6)$$

ist, oder was gleichbedeutend, da w die Stirnwiderstände, $k_0\, F_0\, i^2$ die nützlichen Widerstände darstellt, die toten oder Stirnwiderstände den dritten Teil der Nutzwiderstände oder des Tragflächenwiderstandes ausmachen; es musste also

$$i = \sqrt{\frac{3\,w}{k_0\,F_0}} \text{ sein.} \qquad 7)$$

Damit ergibt sich aus $G = k_0{}^i\, k_0{}^i\, F_0\, v^2\, F_0 \, . \, v^2$

$$G = k_0 \sqrt{\frac{3w}{k_0\,F_0}}\, F_0\, v^2 \text{ oder} \qquad 8)$$

$$v^2 = \frac{G}{\sqrt{3\,k_0\,F_0\,w}}, \text{ ferner} \qquad 9)$$

$$Z = 4\sqrt{w}\,\frac{G}{\sqrt{3\,k_0\,F_0}} \text{ und schliesslich:} \qquad 10)$$

$$E = E_{min} = \frac{4\sqrt{w}}{3^{3/4}}\left(\frac{G}{\sqrt{k_0\,F_0}}\right)^{3/2} \qquad 11)$$

Ebenso ergibt sich für die zweite Forderung, es wird Z so klein wie möglich, wenn $w = k_0\,F_0\,i^2$ ist, d. h. also, wenn die Stirnwiderstände gleich den Nutzwiderständen sind. Es folgt dann ferner auf gleichem Weg wie zuvor, die Geschwindigkeit ist

$$v^2 = \frac{G}{\sqrt{k_0\,F_0\,w}} \text{ und} \qquad 12)$$

$$Z = Z_{min} = 2\sqrt{w}\,\frac{G}{\sqrt{k_0\,F_0}}, \text{ schliesslich} \qquad 13)$$

$$E = 2\sqrt{w}\left(\frac{G}{k_0\,F_0}\right)^{3/2} \qquad 14)$$

Man sieht, dass die Geschwindigkeiten in beiden Fällen sich wie $1 : \sqrt{3} = 1 : 1{,}32$, die Schraubenkräfte sich wie $\frac{2}{\sqrt{3}} : 1 = 1{,}16 : 1$ und die Leistungen wie $\frac{2}{\sqrt{3^3}} : 1 = 0.88 : 1$ verhalten, wenn w und G in beiden Fällen gleich sind.

Die Genauigkeit dieser Resultate entspricht natürlich nur der Genauigkeit der für ihre Ableitung angewendeten Formeln. Diese Feststellungen geben aber immerhin gute und bequeme Anhaltspunkte.

Man erkennt, dass zwischen der grössten Hubleistung und der grössten Transportleistung zu unterscheiden ist, dass zu der ersteren kleinere Geschwindigkeiten wie zu der letzteren gehören, dass umgekehrt aber die erstere grössere Schraubenkräfte erfordert, während bei der letzteren die Schraubenkraft ein Minimum darstellt, d. h. ein weiteres Anwachsen der Geschwindigkeit (durch weitere Verkleinerung von i), lässt die Schraubenkraft wieder zunehmen. Dementsprechend kann dieser letztere Fall auch angesehen werden als derjenige Zustand, bei dem der Wert $\frac{E}{v}$ den günstigsten Wert darstellt, bei dem also im Verhältnis zur aufgewendeten Leistung die grösste Geschwindigkeit entwickelt wird.

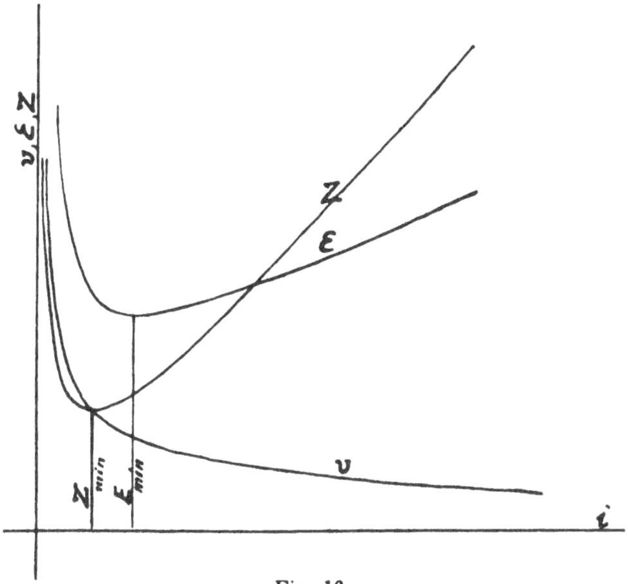


Fig. 16.

Den Zusammenhang entsprechend den vorausgegangenen Formeln zwischen E, Z, $v$, i stellt Fig. 16 dar.

Man sieht, wie Z sehr rasch im Vergleich zu E seine Grösse ändert, während $v$ mit wachsendem i ständig abnimmt.

Es war früher dargelegt worden, dass die vorstehend verwendeten Beziehungen zwischen i, V und H nur angenähert der

Wirklichkeit entsprechen, es war auch gezeigt, dass man für jede Fläche einen gewissen Überhang angeben kann, für den sie am günstigsten arbeitet, d. h. kleinen Rücktrieb bei grossem Auftrieb ergibt. Es leuchtet ein, dass man demnach den Winkel $\sigma$, den Anstellwinkel, von möglichen praktischen Anforderungen, die später besprochen werden, abgesehen, so wählen wird, um günstige Ergebnisse zu erhalten, dass dieser Überhang vorhanden ist.

Dann entsteht aber eine andere Frage, nämlich die, wie stark muss, eine bestimmte Flächengattung vorausgesetzt, die Wölbung der Fläche, die früher durch den Winkel $\alpha$ charakterisiert wurde, gewählt werden, um irgend welche angestrebten günstigsten Verhältnisse für eine bestimmte Maschine zu erzielen.

Abgesehen von dem Ziel einer möglichst grossen Geschwindigkeit, werden nach dem Vorstehenden zwei Ziele angestrebt werden können, eine möglichst grosse Hubleistung, oder eine möglichst grosse Transportleistung, d. h. also, dass man für E oder Z ein Minimum anstreben kann.

Aus den Gleichungen 14 S. 53 und 16 S. 53 folgt, dass Z ein Minimum wird, wenn $B \cdot v^2$, und E, wenn A klein wird.

Es war

$$Z = F \frac{\gamma}{g} v^2 B = F \frac{\gamma}{g} v^2 \left( k_2 \sin \frac{\alpha}{2} \sin \frac{\alpha}{6} + \frac{k_3 F + kS}{F} \right)$$

und $$G = k_1 F \frac{\gamma}{g} v^2 \sin \frac{\alpha}{2}$$

oder $$v^2 = \frac{G}{k_1 F \frac{\gamma}{g} \sin \frac{\alpha}{2}},$$

sodass $$Z = G \frac{k_2 \sin \frac{\alpha}{2} \sin \frac{\alpha}{6} + \frac{k_3 F + kS}{F}}{k_1 \sin \frac{\alpha}{2}} = G \cdot C. \qquad 15)$$

Ferner war:

$$A = \frac{k_2 \sin \frac{\alpha}{2} \sin \frac{\alpha}{6} + \frac{k_3 F + kS}{F}}{k_1 \sin \frac{\alpha}{2} \sqrt{k_1 \sin \frac{\alpha}{2}}}.$$

Es müssten also die Werte A und C möglichst klein werden.

C erhält seinen Kleinstwert, wenn

$$\frac{1-\cos^2\frac{\alpha}{2}}{\cos\frac{\alpha}{2}}\cos\frac{\alpha}{6} = 3\,\frac{k_3 F + kS}{k_2 F} \tag{16}$$

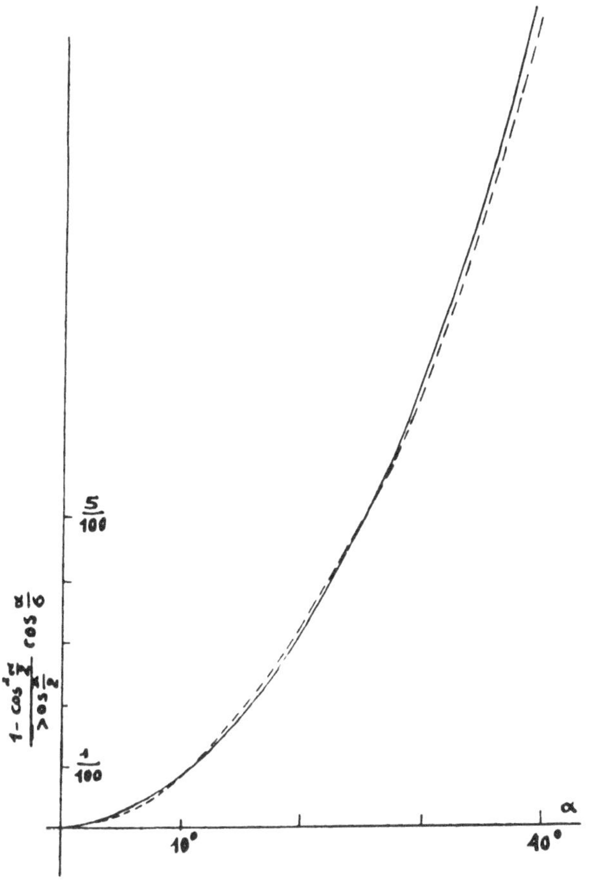


Fig. 17.

ist, und wird dann:

$$C = \left(\operatorname{tg}\frac{\alpha}{6} + \frac{1}{3}\operatorname{tg}\frac{\alpha}{2}\right)\cos\frac{\alpha}{6}\,\frac{k_2}{k_1} \tag{17}$$

setzt man hierin $\frac{1}{3}\operatorname{tg}\frac{\alpha}{2} = \sim\frac{1}{3}\,3\operatorname{tg}\frac{\alpha}{6}$

so ergibt sich $$C = 2\frac{k_2}{k_1}\sin\frac{\alpha}{6};\qquad 18)$$

womit: $$Z = 2\frac{k_2}{k_1}\sin\frac{\alpha}{6}.G \text{ ist.}\qquad 19)$$

In Figur 17 ist die Kurve $\frac{1-\cos^2\frac{\alpha}{2}}{\cos\frac{\alpha}{2}}\cos\frac{\alpha}{6}$ aufgezeichnet, sodass aus ihr ohne weiteres, nachdem $3\frac{k_3 F + kS}{k_2 F}$ gerechnet ist, der zugehörige Winkel $\alpha$ entnommen werden könnte.

Aus der Formel für H ergibt sich in Kombination mit der Formel für $V = G$

$$H = G\left(\frac{k_2}{k_1}\sin\frac{\alpha}{6} + \frac{k_3}{k_1\sin\frac{\alpha}{2}}\right)$$

darin würde nach dem früheren $\frac{k_2}{k_1}\sin\frac{\alpha}{6}$ den durch die Form bedingten Nutzwiderstand, $k_3$ den durch die Reibung und sonstiges bedingten toten Widerstand darstellen. Die obige Gleichung für Z zeigt also, dass die kleinste Schraubenkraft erreicht wird, wenn man durch geeignete Wahl von $\alpha$ die toten Widerstände zusammen ebenso gross macht, wie die Nutzwiderstände, ein Resultat, das vollständig mit dem früheren übereinstimmt.

Damit wird aber dann:

$$\frac{k_2}{k_1}\sin\frac{\alpha}{6} = \frac{k_3}{k_1\sin\frac{\alpha}{2}} + \frac{kS}{k_1 F}\,\frac{1}{\sin\frac{\alpha}{2}}$$

und wenn man näherungsweise setzt:

$$3\sin\frac{\alpha}{6} = \sim \sin\frac{\alpha}{2}$$

ergibt sich $$\sin\frac{\alpha}{6} = \sqrt{\frac{1}{3}\left(\frac{k_3}{k_2} + \frac{kS}{k_2 F}\right)}\qquad 18)$$

als Näherungsgleichung für $\alpha$. Der Unterschied gegenüber der vorausgehenden Bestimmung ist in Fig. 17 durch die gestrichelte Kurve gekennzeichnet. Damit wird dann:

$$Z = \frac{2\,G}{\sqrt{3}} \sqrt{\left(\frac{k_3}{k_2} + \frac{kS}{k_2 F}\right)} \frac{k_2}{k_1} \tag{19}$$

und
$$E = 2\sqrt[4]{\frac{1}{27}}\,G \sqrt{\frac{Gg}{k_1 F\gamma}} \sqrt[4]{\frac{k_3}{k_2} + \frac{kS}{k_2 F}}\, \frac{k_2}{k_1} \tag{20}$$

während
$$v = \sqrt{\frac{Gg}{k_1 F\gamma}}\, \frac{1}{\sqrt[4]{3\left(\frac{k_3}{k_2} + \frac{k\,S}{k_2 F}\right)}}. \tag{21}$$

Die andere Forderung, dass A und damit die Hubleistung ein Maximum werde, wird erfüllt, wenn näherungsweise

$$\sin\frac{\alpha}{2} = 3\sqrt{\frac{k_3 F + kS}{k_2 F}} \text{ ist.} \tag{22}$$

Es wird dann:

$$Z = \frac{4}{3}G \sqrt{\frac{k_3}{k_2} + \frac{kS}{k_2 F}} \cdot \frac{k_2}{k^1} \tag{23}$$

$$E = \frac{4}{3\sqrt{3}}\,G \sqrt{\frac{Gg}{k_1 F\gamma}} \sqrt[4]{\frac{k_3}{k_2} + \frac{kS}{k_2 F}}\, \frac{k_2}{k_1} \tag{24}$$

$$v = \sqrt{\frac{Gg}{k_1 F\gamma}}\, \frac{1}{\sqrt[4]{\left(\frac{k_3}{k_2} + \frac{kS}{k_2 F}\right)9.}} \tag{25}$$

Schreibt man

$$\sqrt{\frac{k_3}{k_2} + \frac{kS}{k_2 F}} = K, \tag{26}$$

so erhält man nach dem Vorausgegangenen für die grösste Hubleistung:

$$\sin\frac{\alpha}{2} = 3K \tag{27}$$

$$Z = \frac{4}{3}\,G\,\frac{k_2}{k_1}K \tag{28}$$

$$E = \frac{4}{3\sqrt{3}}\,G \sqrt{\frac{Gg}{k_1 F\gamma}}\, \frac{k_2}{k_1}\sqrt{K} \tag{29}$$

$$v = \frac{1}{\sqrt{3K}} \sqrt{\frac{Gg}{k_1 F\gamma}} \tag{30}$$

und ebenso für die grösste Transportleistung

$$\sin\frac{\alpha}{2} = \sqrt{3}\ K \tag{31}$$

$$Z = \frac{2}{\sqrt{3}} G \frac{k_2}{k_1} K \tag{32}$$

$$E = \frac{2}{\sqrt[4]{27}} G \sqrt{\frac{Gg}{k\ F\gamma}} \frac{K_2}{k_1} \sqrt{K} \tag{33}$$

$$v = \frac{1}{\sqrt[4]{3}\sqrt{K}} \sqrt{\frac{Gg}{k_1\ F\gamma}}. \tag{34}$$

Es verhalten sich also in beiden Fällen:

1. Die Winkel in bezug auf $\sin\frac{\alpha}{2}$ wie $3 : \sqrt{3} = \sqrt{3} : 1 = 1{,}73 : 1$
2. Die Schraubenkräfte wie $\frac{4}{3} : \frac{2}{\sqrt{3}} = \frac{2}{\sqrt{3}} : 1 = 1{,}16 : 1$
3. Die Leistungen wie $\frac{4}{\sqrt[3]{3}} : \frac{2}{\sqrt[4]{27}} = \frac{2}{\sqrt[4]{27}} : 1 = 0{,}88 : 1$
4. Die Geschwindigkeiten wie $\frac{1}{\sqrt{3}} : \frac{1}{\sqrt[4]{3}} = 1 : \sqrt[4]{3} = 1 : 1{,}32$

das sind genau die gleichen Resultate wie früher.

Man kann auch ganz allgemein Gl. 14 S. 53 schreiben mit

$$K = \sqrt{\frac{k_3}{k_2} + \frac{kS}{k_2 F}}$$

$$Z = F\frac{\gamma}{g} v^2 k_2 \left(\sin\frac{\alpha}{2}\sin\frac{\alpha}{6} + K^2\right),$$

und, indem man setzt $\sin\frac{\alpha}{2}\sin\frac{\alpha}{6} = m\,K^2$,

$$\sin\frac{\alpha}{2} = \sqrt{3m}\,K.$$

ergibt sich $Z = F\frac{\gamma}{g} v^2 k_2 K^2 (m+1) = G\frac{k_2}{k_1} K \frac{m+1}{\sqrt{3m}}$, 35)

$$G = F\frac{\gamma}{g} v^2 k_1 \,.\, \sqrt{3m}\,K, \tag{36}$$

$$v = \sqrt{\frac{Gg}{F\gamma}} \sqrt{\frac{1}{\sqrt{3m}\,.\,k_1 k}}, \tag{37}$$

$$E = G\sqrt{\frac{Gg}{F\gamma k_1}} \cdot \frac{k_2}{k_1}\sqrt{\frac{K}{(3m)^3}}(m+1), \qquad 38)$$

worin m jeden Wert zwischen 0 und $\infty$ haben kann. In diesen Formeln sind dann die vorausgehenden als spezielle Fälle enthalten.

Die Gleichungen lehren, dass der Schraubenschub proportional mit dem zu hebenden Gewicht und proportional der Wurzel aus den toten Flächen, also denjenigen Flächen, die nicht Tragflächen sind, wächst. Diese Flächen haben also nicht so grossen Einfluss wie das Gewicht. Noch mehr überwiegt für die Leistung der Einfluss des Gewichts, während der Einfluss der toten Flächen noch mehr als für die Schraubenkraft zurücktritt.

Selbst wenn $k_3 = 0$ wäre, würde eine Verdoppelung von kS eine Vergrösserung des Schraubenschubs von 1 auf 1,4 bedingen, während die Leistung nur im Verhältnis 1 : 1,19 zunehmen würde. (Ist $k_3 > 0$, so werden die Unterschiede noch geringer.) Eine Verdoppelung von G würde aber eine Zunahme der Schraubenkraft von 1 auf 2 und eine Vergrösserung der Leistung von 1 auf 2,85 bedingen, wobei immer Voraussetzung wäre, dass F sich in seiner Grösse nicht ändert.

Nun könnten die praktischen Anforderungen auch so liegen, dass jede Erwägung betreffs guter Ausnützung gegenüber der Forderung grosser Geschwindigkeit zurücktritt. Sämtliche Gleichungen lehren, dass $v$ zunimmt mit abnehmendem $k_1F$ und abnehmendem $\alpha$. Also gerade mit jenen Werten, die im allgemeinen eine Vergrösserung von $E$ bedingen. Mit der Grösse von $E$ wächst natürlich die Grösse und damit das Gewicht des notwendigen Motors. Man muss so notwendig an eine Grenze kommen, die durch die Bedingung gegeben ist, dass das Ganze in der Luft schweben soll.

Nimmt man dabei an, dass auf jedes Kilogramm Maschinengesamtgewicht e mkg/sec Motorleistung kommen unter Einrechnung der Leistungsverluste in der Schraube, so kann man schreiben:

$$G \cdot e = E = F\frac{\gamma}{g}v^2 k_1 \sqrt{3m}\,K \cdot e$$

$$= Z \cdot v = v^3 F \frac{\gamma}{g} k_2 K^2 (m+1),$$

woraus
$$v = \frac{k_1}{k_2 K} \frac{\sqrt{3\,m}}{m+1} e \tag{39}$$

und
$$Z = G \frac{k_2 K}{k_1} \frac{m+1}{\sqrt{3\,m}}.$$

Ferner:
$$F = G \frac{k_2^2 K}{k_1^3 e^2} \frac{g}{\gamma} \frac{(m+1)^2}{3\,m\sqrt{3\,m}}.$$

Daraus ergibt sich die spezifische Flächenbelastung zu

$$p = \frac{G}{F} = \frac{k_1^3 e^2}{k_2^2 K} \frac{\gamma}{g} \frac{3\,m\sqrt{3\,m}}{(m+1)^2}, \tag{40}$$

während e die spezifische Leistung der Maschine bedeuten würde.

Die spezifische Tragfähigkeit der Maschine wäre bestimmt durch den Ausdruck

$$t = \frac{G}{F\,v^2} = K k_1 \frac{\gamma}{g} \sqrt{3\,m}. \tag{41}$$

Schliesslich erhält man die Leistung, die auf einen Quadratmeter der Tragfläche entfällt, ausgedrückt durch $\varepsilon = \frac{G\,e}{F}$

$$\varepsilon = p\,e = \frac{k_1 e^3}{k_2^2 K} \frac{\gamma}{g} \frac{3\,m\sqrt{3\,m}}{(m+1)^2}. \tag{42}$$

Setzt man in diesen Formeln $m = 1$ resp. $m = 3$, so erhält man die Fälle der günstigsten Transportleistung resp. günstigsten Hubleistung.

Mit $m = 1$ wird daraus

$$\sin\frac{\alpha}{2} = \sqrt{3}\,K$$

und
$$\sin\frac{\alpha}{6} = \sim \frac{1}{\sqrt{3}} K,$$

so dass
$$v = \frac{\sqrt{3}}{2} \frac{k_1}{k_2 K} \cdot e$$

und
$$Z = \frac{2}{\sqrt{3}} \frac{k_2}{k_1} K\,G;\ E = G\,e \text{ wird.} \tag{43}$$

Es wird demnach $v$ um so grösser, wie klar, je grösser e ist, ferner je grösser $k_1$ und je kleiner $k_2$, die Flächenkonstanten, d. h. je günstiger die Flächenform ist, schliesslich wird $v$ wachsen mit abnehmendem K. K stellt in seinem Hauptbestandteil das Verhältnis der toten Widerstandsflächen zur Tragfläche dar. Durch Vergrösserung von F hat man darnach bis zu einem gewissen Grad eine Verkleinerung von K und damit Vergrösserung von $v$ in der Hand.

Ferner erhält man:

$$F = \frac{g}{\gamma} G \frac{4}{3\sqrt{3}} \frac{K \cdot k_2^2}{k_1^3 \cdot e^2}$$

$$= \sim 6 \frac{K \cdot k_2^2}{k_1^3 \cdot e^2} G \qquad 44)$$

und die spezifische Flächenbelastung

$$p = \frac{G}{F} = \frac{1}{6} \frac{k_1^3 \cdot e^2}{K k_2^2}, \qquad 45)$$

worin also e die spezifische Leistung der Maschine bedeuten würde.

Die spezifische Tragfähigkeit der Maschine wäre gegeben mit

$$t = \frac{G}{F v^2}$$

zu

$$t = \frac{\gamma}{g} \cdot \sqrt{3}\, k_1 K. = \sim 0{,}2 k_1 K. \qquad 46)$$

Die spezifische Tragfähigkeit sollte also um so geringer sein, je kleiner K ist, wenn grosse Geschwindigkeiten angestrebt werden.

Eine hohe spezifische Flächenbelastung wird nur für kleine Werte von K zulässig sein, also Hand in Hand gehen müssen mit geringen toten Widerständen. Man kann die Verhältnisse noch deutlicher machen, wenn man für K den ursprünglichen Wert $\sqrt{\frac{k_3}{k_2} + \frac{kS}{k_2 F}}$ setzt und $\frac{k_3}{k_2}$ gegen $\frac{kS}{k_2 F}$ vernachlässigt, was allerdings bei Maschinen mit grossem F und sehr kleinem S nicht mehr zulässig wäre. Dann erhält man für p

$$p = 0{,}3\, G^{1/3} \cdot e^{4/3} \frac{k_1^2}{k_2 \cdot kS}, \qquad 47)$$

woraus folgen würde, dass schwere Maschinen eine grössere spezifische Flächenbelastung haben sollten als leichte, dass ferner die spezifische Flächenbelastung um so grösser zu wählen wäre, je stärker der Motor d. i. e wäre. p kann wiederum um so grösser genommen werden, je kleiner k S ist.

Ferner wird

$$\frac{E}{F} = \varepsilon = \frac{G \cdot e}{F} = p\,e = \frac{1}{6}\,\frac{k_1^3 \cdot e^3}{K \cdot k_2^2}; \qquad 48)$$

$\varepsilon$ wächst also proportional p und proportional e.

Würde die Forderung einer grossen Hubleistung gelten, so würden sich die Verhältnisse nur insofern geändert haben, als für m anstatt 1 nunmehr 3 zu setzen wäre. Es hätten sich also nur die Zahlenwerte in den einzelnen Ausdrücken geändert. Es würde allerdings interessieren, ob die Werte $v$, F, e, p, t, $\varepsilon$ für diese geänderte Forderung grösser oder kleiner würden. Man würde erhalten:

$$\sin\frac{\alpha}{2} = 3\,K \quad (\text{also } 3 \text{ gegenüber } \sqrt{3}\,K)$$

$$v = \frac{3}{4}\,\frac{k_1}{k_2 K}\,e \quad \left(\frac{3}{4} \text{ gegenüber } \frac{\sqrt{3}}{2}\right)$$

$$Z = \frac{4}{3}\,\frac{k_2 K}{k_1}\,G \quad \left(\frac{4}{3} \text{ gegenüber } \frac{3}{\sqrt{3}}\right)$$

$$F = 4{,}75\,\frac{K \cdot k_2^2}{k_1^3 \cdot e^2}\,G \quad (4{,}75 \text{ gegenüber } 6)$$

$$p = \frac{1}{4{,}75}\,\frac{k_1^3 \cdot e^2}{K \cdot k_2^2} = \sim 0{,}35\,G^{1/3}\,e^{4/3}\,\frac{k_1^2}{k_2 KS} \quad (0{,}35 \text{ gegenüber } 0{,}3)$$

$$\frac{p}{v^2} = t = 0{,}375\,k_1\,K \quad (0{,}375 \text{ gegenüber } 0{,}2)$$

$$\varepsilon = \frac{1}{4{,}75}\,\frac{k_1^3 \cdot e^3}{K \cdot k_2^2} \quad \left(\frac{1}{4{,}75} \text{ gegenüber } \frac{1}{6}\right).$$

Wie man sieht, würde $\alpha$ und S grösser und $v$ kleiner (wie schon früher), F würde kleiner, p und t grösser werden.

Diese Formeln sind für Überschlagsrechnungen sehr bequem. Bei einem Entwurf würde man zweckmässig von den zu erwartenden Widerstandsflächen ausgehen, darnach die Grösse von K schätzungsweise annehmen. Ebenso auf Grund von Erfahrung oder Versuchen, die Grösse von $k_1$ und $k_2$, während e zu wählen wäre. Daraus ergibt sich p, $v$, und Z. Darnach kann G geschätzt werden, nachdem aus Z und $v$ die Grösse E bestimmbar ist. Aus G und p bestimmt sich dann die Grösse von F.

Für eine Überschlagsrechnung kann $k_1 = k_2$ gesetzt und zwischen 1,0 und 1,5 gewählt werden. K ist von der Konstruktion der Maschine abhängig, es kann deshalb schwer ein Mittelwert angegeben werden, für Eindecker dürfte K zwischen 0,08 und 0,2, für Zweidecker zwischen 0,10 und 0,3 liegen. e mit Einrechnug des Schraubenwirkungsgrads wird bei modernen Eindeckern zu 3,5 bis 6 gewählt, für Zweidecker 3 bis 5 (ältere Konstruktionen weniger). Der Wert von p schwankt für Eindecker zwischen 20 und 50 und liegt meist bei 30, für Zweidecker schwankt er zwischen 15 und 25 (ältere Konstruktionen weniger).

Aus der Entwickelung der Formeln geht hervor, dass zu ihrer Prüfung nicht jeder beliebige Fall verwendet werden darf, sondern nur solche Fälle, für die die günstigsten Verhältnisse, die für die Formel vorausgesetzt wurden, vorliegen.

Als Beispiel möge der Eindecker von Nieuport angeführt werden, der sich durch hervorragende Eigenschaften auszeichnet und zum mindesten nahe an der Grenze der günstigsten Verhältnisse liegen dürfte.

Tragfläche: 16 m²
Leer-Gewicht: 240 kg
Geschwindigkeit: 33.4 m/sec. = 120 Km/Stde.
Leistung: 28 PS.
Rechnet man mit 100 kg Nutzgewicht, so ist also

$$p = \frac{340}{16} = 21{,}2 \text{ kg/m}^2$$

Unter Berücksichtigung des Schraubenwirkungsgrads mit 0,6 und des Umstands, dass die Motoren in den wenigsten Fällen vollständig ihre Nennleistung im Dauerbetrieb abgeben, dürften den 28 PS. etwa 1150 mkg/sec. entsprechen, womit

$$e = \frac{1150}{340} = 3{,}37 \text{ wäre.}$$

Ferner wäre

$$Z = \frac{1150}{33,4} = 34,5 \text{ kg}$$

d. h. die Schraubenkraft wäre der 10. Teil des Auftriebs. Nach Gleichung 43) wäre

$$\frac{Z}{G} = \frac{2}{\sqrt{3}} \frac{k_2 K}{k_1}$$

woraus also im vorliegenden Fall

$$0,102 = \frac{2}{\sqrt{3}} \frac{k_2 K}{k_1}$$

wäre. Nimmt man an, dass

$$k_1 = k_2$$

ist, so erhält man

$$K = 0102 . \frac{\sqrt{3}}{2} = 0,0885.$$

Für p ergibt sich dann

$$p = \frac{1}{6} \frac{k_1^3 . e^2}{K k_2^2} = \frac{1}{6} \frac{k_1 e^2}{K} = \frac{1}{6} \frac{3.37^2}{0,0885}$$

mit $k_1 = 1,0$,

vergleiche $p = 21.5$ kg/m² gegenüber 21,2.

Würde es sich um eine Maschine handeln, für die eine Flächenform vorgesehen sei, die $k_1 = k_2 = 1,3$ aufweist, wobei man die unvermeidlichen toten Widerstandsflächen auf 2,5 m² schätze, mit einem mittleren Wert für k von 0,6, so würde sich kS = 1,5 ergeben. Man erhält dann für K mit F = 50 m² und $k_1 = 0,003$

$$K = \sqrt{\frac{0,003}{1,3} + \frac{1,5}{50 . 1,3}} = 0,160$$

Würde man F = 40 m² voraussetzen, so würde dadurch jedenfalls auch kS etwas beeinflusst werden, so dass man etwa 1,45 für kS einführen könnte. Damit würde sich ergeben

$$K = \sqrt{\frac{0,003}{1,3} + \frac{1,45}{40 . 1,3}} = 0,173$$

Mit diesen Werten für K würde für Z ermittelt

$$Z = \frac{2}{\sqrt{3}} 0,160 \text{ G} = 0,186 \text{ G resp. } \mathbf{0,200\ G}.$$

und für

$$p = \frac{1}{6}\,\frac{1{,}3\,.\,e^2}{0{,}160} = 1{,}36\,e^2 \text{ resp. } 1{,}24\,e^2.$$

Soll für die Maschine ein nominell 70 PS. Motor verwendet werden, so wird man damit rechnen können, dass man diesen Motor dauernd auf 60 bis 65 PS. ausnützt und die Schraube etwa 60 Prozent der Motorleistung abgibt, so dass 2700 mkg/sec. zur Verfügung stehen. Würde man $e = 3{,}5$ wählen, so würde $Ge = 2700 = G\,.\,3{,}5$ sein, sodass das Gesamtgewicht $G = 770$ kg im Grenzfall betragen dürfte. Es würde dann sein

$$Z = 143 \text{ resp. } \mathbf{154} \text{ kg}$$

und

$$p = 16{,}6 \text{ kg/m}^2 \text{ resp. } \mathbf{15{,}2}$$

damit würde dann

$$F = \frac{770}{16{,}6} = 46{,}5 \text{ resp. } \mathbf{51{,}0}\ \text{m}^2.$$

Die erste Annahme mit $F = 50$ wäre also zutreffend gewesen und dementsprechend würden die ersten Zahlen bei den Alternativrechnungen gelten. Die von dieser Maschine erreichte Geschwindigkeit würde betragen:

$$v = \frac{\sqrt{3}}{2}\,\frac{1}{K}\,.\,e = \frac{\sqrt{3}}{2}\,.\,\frac{1}{0160}\,.\,3{,}5$$
$$= 18{,}8 \text{ m/sec.} = 68 \text{ Km/Stde.}$$

Würde diese Geschwindigkeit nicht den Wünschen entsprechen, sondern etwa zu klein sein, so müsste e vergrössert werden. Für 95 km/Stde. müsste unter diesen Verhältnissen e ca. 4,4 betragen, da dann aber p wachsen würde und damit F kleiner würde, so würde ein grösserer Wert für K zu erwarten sein, dementsprechend würde e etwa 4,75 zu nehmen sein. Ehe man aber zu dieser Massnahme schreiten würde, wäre vor allem zu überlegen, ob und wie kS verkleinert werden könnten, denn sonst wird man bei $K = 4{,}75$ bei Verwendung desselben Motors rasch an die Grenze des praktisch Brauchbaren kommen. Es ergibt sich dann nämlich für G nur noch ein Gewicht von 570 kg. Davon wiegt der Motor mit Zubehör und Schraube ca. 190 kg, so dass für die Maschine samt Nutzlast nur noch 380 kg verbleiben. Bedenkt man nun, dass der gewählte Motor pro Stde. ca. 25 kg Öl und Benzin gebrauchen wird, so möchte man immerhin mit 180 kg Nutzlast rechnen können. Die Maschine selbst dürfte demnach nur noch 200 kg bei 40 $m^2$ Tragfläche wiegen, was kaum noch möglich erscheint.

Man wird damit ganz von selbst zu einer anderen Frage übergeleitet, nämlich zu der, wie der Einfluss der einzelnen Gewichte auf das Gesamtresultat ist.

## Günstigste Verhältnisse bezogen auf die Nutzleistung.

Das Gesamtgewicht eines Flugzeugs setzt sich aus drei hauptsächlichen Teilen zusammen:

1. $G_1$, dem Gewicht des Flugzeugs im engeren Sinne,
2. $G_m$, dem Gewicht des Motors,
3. $G_n$, dem Nutzgewicht, bestehend aus Führer, Fluggast und Betriebsmittelvorrat.

Das erste Gewicht wird wieder aus zwei Teilen, $G_f$ und $G_r$, bestehen, dem Gewicht der Tragflächen und dem Gewicht des Rumpfs mit Fahrgestell und Steuerteilen.

Setzt man das Gewicht der Tragflächen proportional der Grösse der Tragflächen und das Gewicht des Motors proportional der Motorleistung — beides wird ja nicht ganz zutreffen, worauf später noch eingegangen wird — so kann man schreiben:

$$G = G_f + G_r + G_m + G_n = n_1 F + G_r + n_2 E + G_n. \qquad 1)$$

Es war seinerzeit die erforderliche Leistung eines Flugzeugs bestimmt zu

$$E = G \sqrt{\frac{G g}{F \gamma}} A,$$

worin A im vorigen Abschnitt für günstigste Verhältnisse festgelegt war. Setzt man nunmehr der Einfachheit halber

$$\sqrt{\frac{g}{\gamma}} A = \mathfrak{A}, \qquad 2)$$

so wird

$$E = G \sqrt{\frac{G}{F}} \mathfrak{A} \qquad 3)$$

oder

$$E = G^{3/2} F^{-1/2} . \mathfrak{A}$$

und indem man für G die obigen Teilwerte einführt, erhält man

$$E = [n_1 F + n_2 E + (G_r + G_n)]^{3/2} . F^{-1/2} . \mathfrak{A}. \qquad 4)$$

Man wird nun wiederum entweder fordern, dass eine möglichst grosse Nutzlast gehoben werden kann, oder dass die

Transportleistung, bezogen auf die Nutzleistung, möglichst günstig ist. Es wird also

$$\frac{G_n}{E} \text{ oder } \frac{G_n \cdot v}{E}$$

möglichst gross ausfallen müssen. Ist das der Fall, dann muss auch

$$\frac{G_n + G_r}{E} \text{ und } \frac{(G_n + G_r)\, v}{E}$$

möglichst gross sein, sofern $G_r$ konstant ist, was bis zu einem gewissen Grad zutrifft (soweit $G_r$ von der Grösse der Teilgewichte abhängig ist, kann das durch die Wahl der Konstanten $n_1$ und $n_2$ zum Ausdruck gebracht werden). Löst man obige Gleichung zunächst nach $G_r + G_n$ auf, so erhält man

$$G_r + G_n = \frac{E^{2/3}\, F^{1/3}}{\mathfrak{A}^{2/3}} - n_1\, F - n_2\, E. \qquad 4\,a)$$

Damit ist

$$\frac{G_r + G_n}{E} = \frac{1}{\mathfrak{A}^{2/3}} \left(\frac{F}{E}\right)^{1/3} - n_2 \frac{F}{E} - n_2.$$

Nach den früheren Bezeichnungen war

$$\varepsilon = \frac{E}{F} = p\,e = \frac{1}{6}\, \frac{k_1{}^3\, e^3}{K\, k_2{}^2} \text{ resp. } = \frac{1}{4{,}75}\, \frac{k_1{}^3\, e^3}{K \,.\, k_2{}^2} = \mathfrak{a}^3 \,.\, e^3. \qquad 5)$$

Damit wird

$$\frac{G_r + G_n}{E} = \frac{1}{\mathfrak{A}^{2/3}}\, \frac{1}{\mathfrak{a}\, e} - n_1\, \frac{1}{\mathfrak{a}^3\, e^3} - n_2. \qquad 6)$$

Dieser Ausdruck erhält seinen Grösstwert für

$$e = \frac{\mathfrak{A}^{1/3}}{\mathfrak{a}} \sqrt{3\, n_1}\,, \qquad 7)$$

womit

$$p = 3\, \mathfrak{a}\, \mathfrak{A}^{2/3}\, n_1 \quad \text{wird.} \qquad 8)$$

Die Grösse e, die nach dem vorigen Abschnitt mehr oder weniger willkürlich gewählt wurde, um aus ihr p zu ermitteln, ist damit auf einen Bestwert festgelegt. Dabei ist aber zu beachten, dass die Grösse $\mathfrak{a}$ den Koeffizienten K enthält, der wiederum von F abhängig ist. Die Rechnung hätte also, wie zuvor an einem Beispiel gezeigt, diesem Umstand gebührend Rechnung zu tragen. Die Ausdrücke für e und p lassen noch eine Vereinfachung zu insofern, als eine Beziehung zwischen den Grössen $\mathfrak{A}$ und $\mathfrak{a}$ besteht. Es ist nämlich nach früherem

$$\mathfrak{A} = \frac{2}{\sqrt[4]{}} \sqrt{\frac{g}{\gamma}} \frac{k_2 \sqrt{K}}{k_1^{3/2}}, \qquad 9)$$

$$\mathfrak{a}^3 = \frac{3\sqrt{3}}{4} \frac{\gamma}{g} \frac{k_1^3}{K . k_2^2}, \qquad 10)$$

so dass
$$\mathfrak{a} = \frac{1}{\mathfrak{A}^{2/3}}, \qquad 11)$$

damit wird dann:
$$e = \mathfrak{A}\sqrt{3 n_1}, \qquad 12)$$
$$p = 3 n_1, \qquad 13)$$

da
$$p = \frac{G}{F},$$
$$n_1 = \frac{G_f}{F} \text{ ist,}$$

so folgt aus
$$p = 3 n_1,$$
$$\frac{G}{F} = 3 \frac{G_f}{F}$$

oder
$$G = 3 G_f, \qquad 14)$$

d. h. bei sonst günstigsten Verhältnissen wird $G_n$ am grössten, wenn das Gesamtgewicht der Maschine das Dreifache des Gewichtes der Tragfläche ist oder das Tragflächengewicht ein Viertel des Gesamtgewichts, sofern das Tragflächengewicht proportional der Tragflächengrösse ist.

Soll die Transportleistung, bezogen auf das Nutzgewicht, möglichst gross werden, so muss

$$\frac{(G_n + G_r)\, v}{E}$$

möglichst gross sein. Dabei ist nach dem früheren

$$v = \frac{\sqrt{3}}{2} \frac{k_1}{k_2 K} e \quad \text{resp.} \quad = \frac{3}{4} \frac{k_1}{k_2 K} e = \mathfrak{b} . e,$$

so dass man aus Gleichung 4a) mit Berücksichtigung von

$$\mathfrak{a} = \frac{1}{\mathfrak{A}^{2/3}} \quad \text{und} \quad \frac{\mathfrak{b}}{\mathfrak{a}^3} = \frac{2}{3} \frac{g}{\gamma} \frac{k_2}{k_1^2}$$

$$\frac{v\,(G_n + G_r)}{E} = \mathfrak{b} - n_1 \frac{2}{3} \frac{g}{\gamma} \frac{k_2}{k_1^2} \frac{1}{e^2} - n_2 . \mathfrak{b}\, e \text{ erhält.}$$

Dieser Ausdruck erhält seinen Grösstwert für

$$e = \frac{1}{\mathfrak{a}} \sqrt[3]{\frac{2\,n_1}{n_2}}. \qquad 15)$$

Es war $$p = \mathfrak{a}^3 . e^2 = \mathfrak{a} . \left(\frac{2\,n_1}{n_2}\right)^{2/3}.$$

Ferner war $$\varepsilon = \frac{E}{F} = \mathfrak{a}^3 . e^3,$$

womit nunmehr wird: $$\varepsilon = \frac{2\,n_1}{n_2} = \frac{E}{F} \qquad 16)$$

oder $$2\,n_1\,F = n_2\,E. \qquad 17)$$

Daraus ergibt sich also $$2\,G_f = G_m, \qquad 18)$$

d. h. im günstigsten Grenzfall soll der Motor das Doppelte der Tragfläche wiegen. Natürlich gelten auch hier dieselben Einschränkungen wie zuvor.

Man erhält für die grösste Hubleistung

$$3\,G_f - G_m = G_n + G_r \qquad 19)$$

und für die grösste Transportleistung

$$G - 3\,G_f = G_n + G_r. \qquad 20)$$

Der Hubleistungsquotient h wird

$$h = \frac{G_r + G_n}{E} = \frac{2}{3\mathfrak{A}} \frac{1}{\sqrt{3\,n_1}} - n_2, \qquad 21)$$

derjenige für die Transportleistung t wird

$$t = \frac{(G_r + G_n)\,v}{E} = \mathfrak{b}\left(1 + \frac{1}{\mathfrak{a}}\, n_2^{2/3}\, n_1^{1/3} . \frac{1}{2^{2/3}}\right). \qquad 22)$$

Es wird also im übrigen h um so grösser, je kleiner $\mathfrak{A}$ ist oder was dasselbe, je grösser $\mathfrak{a}^{3/2}$ ist oder je grösser $\mathfrak{a}$ ist.

t hingegen wird um so grösser, je grösser $\mathfrak{b}$ und je kleiner $\mathfrak{a}$ ist. Die Forderung, dass $\mathfrak{b}$ möglichst gross wird, deckt sich, wie eine Nachrechnung zeigt, mit der Forderung, dass die Transportleistung, bezogen auf das Gesamtgewicht, möglichst gross werde, mit anderen Worten, die Grösse der Flächenwölbung ist so zu wählen, dass die Transportleistung für das Gesamtgewicht möglichst günstig wird, der Wert e und damit die Flächenbelastung p resp. die Grösse der Tragfläche darauf so abzustimmen, dass die Transportleistung bezogen auf das Nutzgewicht möglichst gross werde.

Entsprechend zeigt sich für die Hubleistung, dass die Forderung, $\mathfrak{A}$ klein oder $\mathfrak{a}$ gross zu erhalten, sich mit der früheren Forderung deckt, die Hubleistung bezogen auf die ganze Maschine so günstig wie möglich zu gestalten, während hierauf die Untersuchung betreffs der Nutzlast angibt, wie die spezifische Belastung der Tragflächen zu wählen ist.

In dem früheren Beispiel war e zu 3,5 angenommen und es war $\mathfrak{a}^3 = 1{,}36$, ferner ergibt sich $n_2$, da der Motor 2700 mkg/sec

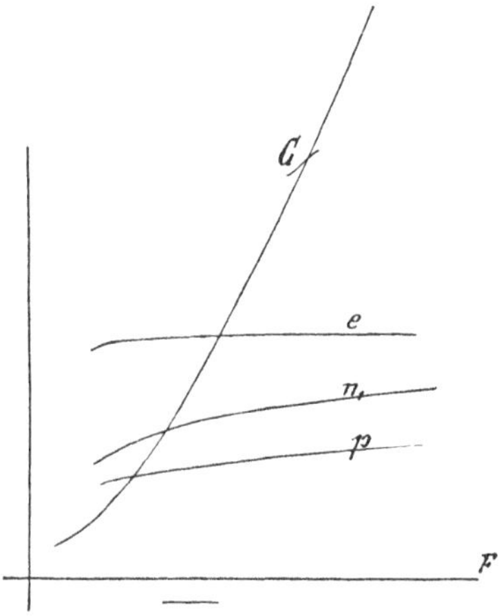


Fig. 18.

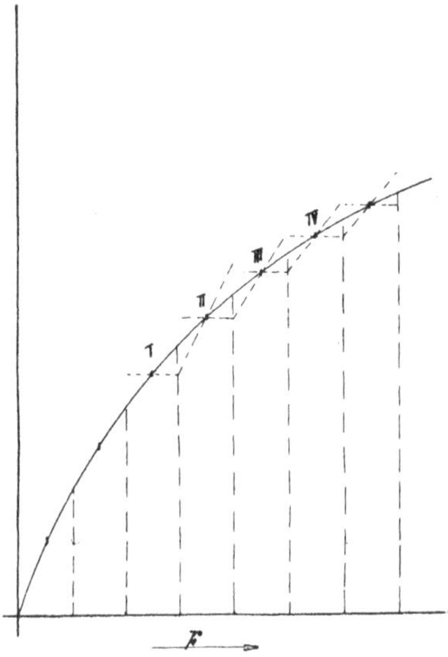


Fig. 19.

abgeben sollte und 190 kg wiegen, zu $\frac{190}{2700} = 0{,}07$, damit ergäbe sich nach

$$e = \frac{1}{\mathfrak{a}} \sqrt[3]{\frac{2\,n_1}{n_2}}$$

$$1{,}36 \,.\, 3{,}5^3 = \frac{2\,n_1}{0{,}07} \text{ oder}$$

$$n_1 = \sim 2{,}1 \text{ kg/m}^2$$

Das Konstruktionsgewicht der Tragfläche, die 40 m² fassen sollte, wäre demnach 2,1 . 50 = 105 kg, wenn e richtig gewählt sein sollte. Das wäre jedenfalls eine leichte Tragdecke.

Es wird nun nicht zutreffend sein, dass $n_1$ tatsächlich proportional F wächst. Diese Annahme wird vielmehr höchstens innerhalb sehr enger Grenzen gelten können und tatsächlich wird $n_1$ nach einer Kurve anwachsen, wie Fig. 18 zeigt. Man ist dann in der Lage, für jeden der Punkte I, II, III usw. e und damit p unter Berücksichtigung aller andern Einflüsse zu berechnen und erhält so für p gleichfalls eine Kurve Fig. 19, die dann mit jeder gewünschten Genauigkeit stimmt. Es habe sich z. B. ergeben, dass für eine bestimmte Maschinengattung bei Einhaltung bestimmter Konstruktionsgrundsätze das Tragflächengewicht folgende Abstufung zeigt:

| | | | | |
|---|---|---|---|---|
| $F =$ | 60 | 40 | 25 | 15 |
| $G_f =$ | 180 | 105 | 50 | 25 |
| $n_1 =$ | 3,00 | 2,62 | 2,0 | 1,66 |

Es sei ferner $a = 1{,}10 \quad 1{,}07 \quad 1{,}05 \quad 1{,}03$ entsprechend der Veränderlichkeit von K mit F, dann ergibt sich für e, wenn $n_2$ wie im vorigen Beispiel 0,07 beträgt.

$$e = 4 \quad 3{,}9 \quad 3{,}66 \quad 3{,}52 \text{ mkg/sec}$$

und

$$p = 21 \quad 18{,}6 \quad 15{,}6 \quad 13{,}6 \text{ kg/m}^2.$$

Wie man sieht, ist die Veränderung von e nicht sehr bedeutend.

Nachdem man also die Wölbung der Tragfläche nach den Beziehungen des vorigen Abschnitts auf Grund der zu erwartenden toten Widerstandsflächen bestimmt hat — die Wölbung wird um so grösser, je grösser die Widerstandsflächen — wird man e und damit p und F erst bestimmen können, wenn man in der Lage ist, sich über die Grössen $n_1$ und $n_2$ Rechenschaft zu geben. Je grösser $n_1$ und je kleiner $n_2$ ist, um so grösser wird man e und damit p wählen können, um so grösser wird dann auch $v$ und um so kleiner wird die Tragfläche selbst.

Nun werden Eindeckertragflächen pro $m^2$ schwerer wie solche für Zweidecker, daraus ergibt sich ohne weiteres, dass es, wie das tatsächlich auch geschieht, zweckmässig ist, für Eindecker eine höhere Flächenbelastung anzuwenden wie für Zweidecker. Für Zweidecker werden die Stirnwiderstände grösser, aber ausserdem auch die Tragfläche, so dass $\frac{kS}{k_2 F}$ nicht sehr von dem Wert für Eindecker abweichen würde, wenn nur, wie das jetzt mehr und mehr geschieht, bei Zweideckern ebenso wie bei Eindeckern Führer, Fahrgast, Motor und Rumpf geschützt angeordnet werden. In diesem letzteren Fall werden jedenfalls die Zweidecker eine geringere Wölbung erhalten können als Eindecker — entsprechend ihrer grösseren Tragfläche bei relativ geringem Konstruktionsgewicht.

Die praktischen Forderungen, die der Rechnung vorausgehen, sind aber meist so, dass der vorgeführte Rechnungsgang nicht möglich erscheint. Die praktischen Forderungen laufen darauf hinaus, dass eine Maschine in ihren Abmessungen, ihrer Motorleistung usw. bestimmt werden soll, von der gefordert wird, dass sie mit einer bestimmten Geschwindigkeit eine bestimmte Nutzlast befördere. Vorgeschrieben sind also Geschwindigkeit und Nutzlast. Man wird dann auf Grund irgend welcher Analogien von der Nutzlast und Geschwindigkeit auf das Gesamtgewicht schliessen, ein Flächenprofil annehmen, dessen Auftriebs- und Rücktriebskoeffizienten bei einem bestimmten Anstellwinkel bekannt sind, oder auf die auch nur wiederum von einem ähnlichen Profil ausgehend Schlüsse möglich scheinen. Darnach wird man vermittelst der geforderten Geschwindigkeit, der angenommenen Gewichte und der Koeffizienten die Tragflächengrösse ermitteln. Nach Einschätzung der zu erwartenden, nicht tragenden Flächen, soweit sie im Wind liegen, wird man die toten Widerstände und ebenso den Nutzwiderstand zu berechnen in der Lage sein. Daraus ergibt sich dann die erforderliche Leistung, von der man unter Annahme des Schraubenwirkungsgrades auf die erforderliche Motorstärke schliesst. Darauf wird eine Kontrolle des angenommenen Gesamtgewichts nötig, und die Rechnung mit entsprechenden Berichtigungen zu wiederholen sein.

Häufig schliesst man auch auf Grund seiner Erfahrungen für ein bestimmtes Flächenprofil auf die zur Erreichung der Geschwindigkeit anzunehmende spezifische Flächenbelastung, so dass mit dem Gewicht die Grösse der Tragfläche einerseits, und mit dem Verhältnis von Rücktrieb zu Auftrieb andererseits, die Leistung bekannt ist.

Es leuchtet ein, dass eine solche Rechnung immer mehr oder weniger ein Zufallsresultat ergeben muss und dass kaum Aussicht besteht, die günstigsten Verhältnisse zu treffen. Man wird dann versucht sein, durch Variation der Annahmen ein besseres Ergebnis zu erzielen.

Auch bei dem hier eingeschlagenen Weg sind Schätzungen zunächst erforderlich und dementsprechend Annahmen, die nur bei ausreichender Erfahrung mit der Wirklichkeit übereinstimmen werden. Man wird auch hier, um K zu bestimmen, die Tragflächengrösse und die Stirnflächen schätzen und so auf eine bestimmte Flächenwölbung kommen. Nach Annahmen über $n_1$ und $n_2$ liegt e fest. Da aber andererseits $v$ gefordert ist, ergäbe sich daraus eine konstruktive und nicht mehr eine rechnerische Aufgabe, nämlich die Aufgabe $\frac{n_1}{n_2}$ in das verlangte Verhältnis zu bringen, damit e den verlangten günstigsten Wert besitzt. Das wird in vielen Fällen unmöglich sein, da $n_1$ und $n_2$ keine grossen Änderungen zulassen. Es bleibt dann, wenn günstigste Verhältnisse möglich sein sollen, nur die Änderung von K übrig.

Es ist nämlich:

$$e = \frac{1}{a}\sqrt[3]{\frac{2\,n_1}{n_2}} = \frac{4^{1/3}}{3^{1/3}\,.\,3^{1/6}}\,\frac{g^{1/3}}{\gamma^{1/3}}\,\frac{K^{1/3}\,.\,k_2^{2/3}}{k_1}\cdot\sqrt[3]{\frac{2\,n_1}{n_2}}$$

andererseits $$v = \frac{\sqrt{3}}{2}\,\frac{k_1}{k_2}\cdot\frac{1}{K}\cdot e$$

durch Einsetzen von e aus der einen Gleichung in die andere wird mit $\frac{\gamma}{g} = \frac{1}{8}$

$$K = \frac{2}{k_2^{1/2}}\,\frac{\left(\frac{2\,n_1}{n_2}\right)^{1/2}}{v^{2/3}} \qquad 23)$$

Nun war $$K = \sqrt{\frac{k_3}{k_2} + \frac{kS}{k_2 F}},$$

so dass man erhält $$kS = F\left(\frac{8\,n_1}{n_2}\,\frac{1}{v^3} - k_3\right) \qquad 24)$$

als denjenigen Wert für kS, der anzustreben wäre, damit bei

festliegendem $\frac{n_1}{n_2}$ und bei geforderter Geschwindigkeit Bestwerte erreichbar sind. Ein Beispiel soll zur weiteren Klärung der Frage dienen. Eine Maschine soll über 150 kg Nutzlast bei 29 m/sec. = 105 km/Stde. Geschwindigkeit haben. Das Gesamtgewicht werde zu 600 kg geschätzt. Der übliche Rechnungsgang wäre, dass man ein bekanntes Flächenprofil nimmt, für das z. B. $k_1 = k_2 = 1{,}5$, $k_3 = 0{,}006$ wäre und das einen Winkel $\alpha$ von nur $10^0$ aufweise, um der grossen Geschwindigkeit zu entsprechen.

Man wird demnach $\sigma = 1{,}66^0 = \frac{\alpha}{6}$ wählen, womit

$$k_v = 1{,}5 \sin\frac{\alpha}{2} = 0{,}130,$$

$$k_h = 1{,}5 \sin\frac{\alpha}{2} \sin\frac{\alpha}{6} + 0{,}006 = \sim 0{,}010$$

wird. Danach ist dann:

$$G = k_v \frac{\gamma}{g} \,.\, v^2 F = 0{,}130 \frac{1}{8} \,.\, 841\, F = 600$$

woraus $F = 44{,}0\ m^2$

und $p = \sim 13{,}6\ kg/m^2$.

Die Stirnfläche werde geschätzt zu 1,6 $m^2$ und k zu 0,5 im Mittel, so dass die toten Widerstände

$$\frac{S \,.\, k\gamma}{g} v^2 = \frac{1.6\ 0{,}5}{8} 841 = \sim 84{,}0\ kg$$

werden und die Nutzwiderstände

$$F \frac{\gamma}{g} v^2 k_h = 0{,}010 \frac{44{,}5}{8} 841 = 46{,}5\ kg,$$

so dass die Schraubenkraft

$$P = \sim 130\ kg$$

wird, woraus sich ergibt

$$E = 130 \,.\, 29 = \sim 3800\ \frac{mkg}{sec}$$

entsprechend 51 PS. Es wäre also bei Berücksichtigung des Schraubenwirkungsgrades mit 0,6 ein 85 ÷ 95 pferdiger Motor nötig. Ein solcher Motor dürfte mit Zubehör und Schraube etwa 250 kg wiegen. Man erhält demnach

| | | |
|---|---|---|
| Motorgewicht: | $G_m = 250$, | $n_2 = 0,065$ |
| Tragflächengewicht: | $G_f = 110$, | $n_1 = 2,5$ |
| Fahrgestell, Rumpf: | $G_r = 100$ | |
| Maschinengewicht: | 460 kg | |
| Nutzgewicht: | 140 kg. | |

Dieses Nutzgewicht setze sich zusammen aus:

| | |
|---|---|
| 1 Person zu | 75 kg und |
| Benzin, Öl | 65 kg. |

Dieser Betriebsmittelvorrat dürfte etwa 2 Std. ausreichen, so dass mit ihm eine Nutzlast von $75,0 + \frac{65}{2} = 107,5$ kg 2 Stunden lang getragen und in dieser Zeit bei der geforderten Geschwindigkeit 210 km zurückgelegt werden können. Man hat demnach eine Transportleistung auf ein Kilogramm Benzin von

$$\frac{107,5 \,.\, 210}{65} = 350,0 \, \frac{\text{kg} \,.\, \text{km}}{\text{kg}}$$

Erinnert man sich der früheren Feststellungen, dass eine günstige Transportleistung voraussetzt, dass die toten Widerstände gleich den Nutzwiderständen seien, so überblickt man schon im Laufe der Rechnung, dass günstigste Verhältnisse nicht vorliegen, da die Nutzwiderstände 45, die toten Widerstände aber 84 kg betragen, woraus man schliessen wird, dass die toten Stirnflächen möglichst verkleinert werden müssten. Es sollte ferner für günstigste Transportleistung das Motorgewicht das Doppelte des Tragflächengewichtes ausmachen. Die Zusammenstellung zeigt, dass es mehr als das Doppelte ist, also könnte nur Abhilfe geschaffen werden durch Verwendung eines leichteren Motors. Dieser Missstand würde gleichfalls durch Verringerung von S verbessert. Damit die Widerstände gleich würden, müssten die toten Stirnflächen ungefähr auf die Hälfte des Ansatzes gebracht werden. Die erforderliche Leistung würde dann ca. $^2/_3$ der errechneten sein, das Motorgewicht sich um $^1/_3$ verringern, so dass dann wieder nach der entgegengesetzten Seite das Missverhältnis zwischen Motor und Tragflächengewicht bestünde.

Nach Gleichung 24) würde man erhalten:

$$\frac{kS}{F} = \frac{8\, n_1}{n_2} \frac{1}{v^3} - k_3 = \frac{8\,.\,2{,}5}{0{,}065} \frac{1}{29^3} - 0{,}006 = 0{,}0065$$

damit $K = \sqrt{\frac{0{,}006}{1{,}5} + \frac{0{,}0065}{1{,}5}} = 0{,}091.$

Aus K folgt $\sin \frac{\alpha}{2} = \sqrt{3}\, K = \sqrt{3}\,.\,0{,}091 = 0{,}158$

$$\alpha = 18^0.$$

Ferner $e = \frac{2}{\sqrt{3}} v\,.\,K = 3{,}07$

$$a = 1{,}38$$

$$p = 3{,}07^2\,.\,1{,}38^3 = 25\ \mathrm{kg/m^2}$$

damit $F = \frac{G}{p} = \frac{600}{25} = 24\ \mathrm{m^2}$

die Schraubenkraft

$$Z = \frac{2}{\sqrt{3}} KG = 0{,}106\,.\,G = 63{,}5\ \mathrm{kg}.$$

Damit wird $E = 29\,.\,63{,}5 = 1850$ mkg entsprechend 25 Pferdestärken. Es wäre also unter Berücksichtigung eines Schraubenwirkungsgrades von 0,6 ein 40—50 PS.-Motor nötig. Die Gewichtsbilanz würde ergeben:

| | | |
|---|---|---|
| Motorgewicht | $G_m = 120$ kg, | $n_2 = 0{,}065$ |
| Tragflächengewicht | $G_f = 60$ kg, | $n_1 = 2{,}5$ |
| Gestellgewicht | $G_r = 120$ kg | |
| Maschinengewicht | 300 kg | |
| Nutzlast | 300 kg. | |

Rechnet man 3 Personen mit 225 kg, so bleiben für Betriebsstoff 75 kg übrig. Dieser Betriebsstoff würde bei der Grösse des Motors für ca. 5 Stdn. ausreichen, in welcher Zeit 525 km zurückgelegt werden könnten, die Transportleistung, bezogen auf ein Kilogramm Benzin würde also betragen:

$$\frac{\left(225 + \frac{75}{2}\right) 525}{75} = 1830 \frac{\mathrm{kg\,.\,km}}{\mathrm{kg}}.$$

Betrachtet man die Resultate im Einzelnen, so wird man finden, dass bei 24 m² Tragfläche der Wert $\frac{kS}{F} = 0{,}0065$ bedenklich klein erscheint. Es würde $kS = 0{,}156$ m² sein; würde man sehr günstige Form für alle in der Luft liegenden, nicht tragenden Teile, für Motor und Passagiere entsprechende Schutzhauben annehmen, so dass mit einem mittleren k von selbst nur 0,3 zu rechnen wäre, so müsste die Summe der Widerstandsflächen noch unter 0,8 m² liegen. Es kann deshalb die Erreichung der gerechneten günstigsten Verhältnisse bezweifelt werden.

Würde man mit kS aus irgendwelchen Gründen nicht unter den Wert 0,3 kommen können, so müsste darauf verzichtet werden, das angegebene günstige Resultat zu erreichen, wenn nicht durch Wahl einer anderen Profilgattung $k_3$ wesentlich verkleinert werden kann. Man würde dann erhalten, wenn man die erforderliche Tragfläche auf 20 m² schätzt,

$$K = \sqrt{\frac{k_3}{k_2} + \frac{kS}{k_2\,F}} = \sqrt{\frac{0{,}006}{1{,}5} + \frac{0{,}3}{1{,}5\,.\,20}} = \sim 0{,}12$$

$$\sin\frac{\alpha}{2} = 0{,}207\,;\; a^3 = \frac{\sqrt{3}}{4}\,\frac{\gamma}{g}\,\frac{k_1{}^3}{k_2{}^2}\,\frac{1}{K} = 2{,}1$$

$$\sin\frac{\alpha}{6} = \sim 0{,}070\,;\; a = 1{,}26$$

$$v = \frac{\sqrt{3}}{2}\,\frac{1}{0120}\,e = 29 \text{ m/sec.}$$

woraus

$$e = 3{,}9$$

$$p = e^2\,.\,a^3 = 32 \text{ kg/m}^2$$

$$F = \frac{600}{32} = \sim 20 \text{ m}^2$$

$$Z = \frac{2}{\sqrt{3}}\,K\,.\,G = \sim 0{,}14\,G = 84 \text{ kg}$$

$$E = 84\,.\,29 = 2450 \text{ mkg entspr. } 32{,}5 \text{ PS.}$$

Es wäre also ein Motor von 50 bis 60 PS. nötig. Man erhielte damit folgende Gewichte:

| | | |
|---|---|---|
| Motorgewicht | $G_m = 160$ kg, | $n_2 = 0{,}065$ kg/mkg. |
| Tragflächengewicht | $G_f = 50$ kg, | $n_1 = 2{,}5$ kg/m². |
| Gestell usw. | $G_r = 120$ kg | |
| Maschinengewicht | 330 kg | |
| Nutzlast | 270 kg | |

Bei Annahme von 3 Personen mit 225 kg bleiben 45 kg für Betriebsstoff, der Verbrauch an Betriebsmaterial wird für den gewählten Motor etwa 16 kg/Stde. betragen, so dass 2,8 Stden. zu fliegen möglich wäre. Es ist dann die Transportleistung

$$\frac{2{,}8 \cdot 105 \left(225 + \frac{45}{2}\right)}{45} = 1640 \frac{\text{km kg}}{\text{kg}}$$

Vergleicht man die Resultate, so erzielt die erste mehr oder weniger willkürliche Rechnung eine Transportleistung von 365 $\frac{\text{kgkm}}{\text{kg}}$, die Rechnung für günstigste Verhältnisse 1830 und die letzte Rechnung 1640 $\frac{\text{kmkg}}{\text{kg.}}$. Man sieht aus dieser Zusammenstellung, wie verschieden die Resultate ausfallen können. Die erste Rechnung ergab eine Nutzlast von 140 kg bei Verwendung eines ca. 85 : 95 PS-Motors, die zweite 300 kg Nutzlast bei 40 bis 50 PS. und die dritte 270 kg Nutzlast bei 50 bis 60 Pferdestärken, während die Geschwindigkeit in allen Fällen die geforderte Grösse hatte. Sollte eine bestimmte Nutzlast von etwa 200 kg erreicht bzw. nicht überschritten werden, so wären nunmehr die Rechnungen mit entsprechenden Korrekturen zu wiederholen.

Ist die erwünschte Übereinstimmung erzielt, so fragt es sich natürlich noch immer, ob die der Rechnung notwendig zugrunde liegenden Annahmen zutreffen. Sind die Annahmen knapp, so schliessen sie eine konstruktive Aufgabe ein, nämlich diese Annahmen unter Berücksichtigung aller konstruktiv wünschenswerten Forderungen zu verwirklichen, sind sie reichlich, so dass sie nachträglich unterschritten werden, so werden die Verhältnisse zwar günstiger als gerechnet, aber die Einzelheiten sind nun nicht mehr so zueinander abgestimmt, wie sie es sein könnten, d. h. das Ergebnis wird nicht so günstig, als es bei dieser Sachlage eigentlich möglich wäre.

Eine genaue Übereinstimmung scheint von vornherein ausgeschlossen. Trotzdem muss zum mindesten die Maschine nachher fliegen, auch wenn die Gewichte etwas schwerer werden. Ja es ist überhaupt mit einem veränderlichen Gewicht zu rechnen, schon infolge der Abnahme der Betriebsmittel und aus anderen naheliegenden Gründen. Trotzdem wurde mit einem konstanten festliegenden Anstellwinkel für die Tragflächen gerechnet. Dieser Anstellwinkel muss nunmehr je nach den augenblicklichen Umständen verändert werden. Es fragt sich, wie sich die Verhältnisse dadurch ändern.

Es wäre deshalb im folgenden zu untersuchen, wie für eine fertige Maschine die Dinge liegen.

---

# C. Die fertige Maschine.

## Veränderliche Gewichte und Schraubenkräfte.

Die bisherigen Rechnungen hatten zur Voraussetzung, dass die Maschine mit einem Anstellwinkel der Tragflächen fliegt, der als der günstigste erkannt wurde. Für diese Stellung der Tragflächen werden sich die errechneten Auftriebe und Rücktriebe einstellen, für jeden von diesem Winkel abweichenden Anstellwinkel werden sich aber andere Grössen für Auftrieb und Rücktrieb und damit für Geschwindigkeit und Leistung ergeben, als ursprünglich angenommen wurde.

Anders ausgedrückt, wird die fertige Maschine im einzelnen andere Auftriebe und Rücktriebe verlangen, um sich in der Luft zu halten, in einem Mass anders, als der mangelnden Übereinstimmung zwischen Rechnung und Ausführung entspricht, und um diesen geänderten Verhältnissen gerecht zu werden, wird der Anstellwinkel der Maschine mehr oder weniger von dem vorausgesetzten abweichen müssen. Selbst im günstigsten Fall, dass die Übereinstimmung bezüglich der Annahmen der Rechnung vollkommen wäre, wird es ganz vom Gewicht der Nutzlast abhängen, ob die Summe aller vorausgesetzten Gewichte eingehalten wird. Alle Grössen der vorausgegangenen Rechnung wären deshalb nur Normalwerte, die im speziellen Einzelfall der Berichtigung bedürfen. Alle diese Grössen werden deshalb im folgenden durch Anfügung des Index 0 als Normalwerte kenntlich gemacht. Dementsprechend ist der normale Anstellwinkel mit $\sigma_0$, ein beliebiger anderer Anstellwinkel mit $\sigma$ bezeichnet. $G_0$ bedeutet das in den vorausgehenden Rechnungen vorausgesetzte Gewicht, G das im Einzelfall tatsächlich vorhandene, usw. Es war früher gezeigt worden, dass die Auftriebe einer Tragfläche proportional dem um einen Winkel $\delta$ vergrösserten Anstellwinkel zu- und abnehmen, dass aber für die Rücktriebe verwickeltere Beziehungen gelten. Dementsprechend war früher für einen beliebigen Anstellwinkel gesetzt worden:

$$V = k_1 F \frac{\gamma}{g} v^2 \frac{\sigma + \delta}{\sigma_0 + \delta} \sin \frac{\alpha}{2}$$

und für den Rücktrieb:

$$H = F \frac{\gamma}{g} v^2 \left[k_2 \left(\frac{\sigma + \delta}{\sigma_0 + \delta}\right)^2 \sin \frac{\alpha}{2} \sin \frac{\alpha}{\sigma} + k_3 + k_4 (\sigma_0 - \sigma)\right].$$

Damit ergibt sich für den Schraubenzug wie früher

$$Z = F \frac{\gamma}{g} v^2 k_2 \left[\left(\frac{\sigma + \delta}{\sigma_0 + \delta}\right)^2 \sin \frac{\alpha}{2} \sin \frac{\alpha}{6} + \frac{k_3 F + k S}{k_2 F} + k_4 (\sigma_0 - \sigma)\right].$$

Nach den vorausgehenden Abschnitten und den dortigen Rechnungen würden nach gleichfalls vorausgegangener Wahl der Tragflächenform F, $k_1$, $\sin \frac{\alpha}{2}$, $\sin \frac{\alpha}{\sigma}$, $k_2$, $k_3$, $k_4$, $\sigma_0$, $\delta$ und kS festliegen. Ebenso wäre $\frac{\gamma}{g}$ für die folgenden Betrachtungen als konstant anzusehen. Dementsprechend könnte geschrieben werden, wenn man sich erinnert, dass nach den vorausgehenden Untersuchungen $\frac{k_3 F + k S}{k_2 F} = K^2$ immer ein bestimmter Bruchteil von $\sin \frac{\alpha}{2} \sin \frac{\alpha}{6}$ ist, der zwischen 1 und $^1/_3$ schwankt, je nachdem es sich um grösste Transportleistung oder grösste Hubleistung handelt,

$$k_1 F \frac{\gamma}{g} \sin\frac{\alpha}{2} = K_1^2 \qquad 1)$$

$$\frac{F\gamma}{g} k_2 = K_2^2 \qquad 2)$$

$$\sin\frac{\alpha}{2} \sin\frac{\alpha}{6} = m \, . \, K^2 \qquad 3)$$

$$\frac{k_3 F + k S}{k_2 F} = K^2 \qquad 4)$$

$$k_4 (\sigma_0 + \delta) = K_3^2, \qquad 5)$$

worin die $K_1^2$, $K_2^2$, $K_3^2$, $K^2$ Konstanten wären,

$$V = K_1^2 \, . \, v^2 \left(\frac{\sigma + \delta}{\sigma_0 + \delta}\right) \qquad 6)$$

$$Z = K_2^2 \, . \, v^2 \left(\left[m\left(\frac{\sigma + \delta}{\sigma_0 + \delta}\right)^2 + 1\right] K^2 + K_3^2 \left(1 - \frac{\sigma + \delta}{\sigma_0 + \delta}\right)\right). \qquad 7)$$

Setzt man schliesslich noch

$$\frac{\sigma + \delta}{\sigma_0 + \delta} = s, \qquad 8)$$

wobei für die Normalwerte mit $\sigma = \sigma_0$ der Wert s zu 1 wird, so ergibt sich

$$Z = K_2^2 v^2 [(1 + m \, . \, s^2) K^2 + (1 - s) K_3^2] \qquad 9)$$

und $$Z_0 = K_2^2 v_0^2 \; (1 + m) K^2. \qquad 10)$$

Ebenso ist $$V = K_1^2 \, . \, v^2 \, . \, s \qquad 11)$$

und $$V_0 = K_1^2 \, . \, v_0^2. \qquad 12)$$

Nun muss in jedem Fall des gestreckten Flugs, d. h. wenn man von dem Beginn und Ende einer Steig- oder Fallbewegung, wo Massenkräfte zu berücksichtigen wären, absieht, $V = G$ sein, dementsprechend wird

$$G = K_1^2 \, . \, v^2 \, . \, s \qquad 13)$$

$$G_0 = K_1^2 \, . \, v_0^2 \qquad 14)$$

woraus: $$\frac{G}{G_0} = \left(\frac{v}{v_0}\right)^2 . \, s \text{ wird.} \qquad 15)$$

Ebenso erhält man:

$$\frac{Z}{Z_0} = \left(\frac{v}{v_0}\right)^2 . \frac{(1 + m s^2) K^2 + (1 - s) K_3^2}{(1 + m) K^2} \qquad 16)$$

oder unter Berücksichtigung vorstehender Gleichung

$$\frac{Z}{Z_0} = \frac{G}{G_0} \frac{1}{s} \frac{(1 + m s^2) K^2 + (1 - s) K_3^2}{(1 + m) K^2} \qquad 17)$$

oder
$$Z = Z_0 \frac{G}{G_0} \frac{1}{s} \frac{(1 + m s^2) K^2 + (1 - s) K_3^2}{(1 + m) K^2}. \qquad 18)$$

Solange der Unterschied zwischen $\sigma + \delta$ und $\sigma_0 + \delta$ nicht gross ist, kann unter Berücksichtigung des weiteren Umstands, dass $K_3^2$ klein gegenüber $K^2$ ist, auch geschrieben werden
$$Z = Z_0 \frac{G}{G_0} \frac{1}{s} \frac{1 + m s^2}{1 + m}. \qquad 19)$$

Stimmen also die Gewichte G nicht mit $G_0$ überein und ebenso Z nicht mit $Z_0$, so kann aus vorstehenden Gleichungen s und damit $v$ und $\sigma$ gerechnet werden. Man erhält zunächst für s
$$s = \frac{1}{2} \frac{Z}{Z_0} \frac{G_0}{G} \frac{1 + m}{m} \pm \sqrt{\frac{1}{4} \left( \frac{Z}{Z_0} \frac{G_0}{G} \frac{1 + m}{m} \right)^2 - \frac{1}{m}}. \qquad 20)$$

Man sieht sofort, dass $s = 1$ wird, wenn $Z \,.\, G_0 = Z_0 G$ ist, d. h. wenn Schraubenkraft und Gewicht sich in gleichem Sinn prozentual geändert haben. Damit wird dann aber $v$ in Abhängigkeit von $\frac{G}{G_0}$ trotzdem verschieden von dem ursprünglichen Wert und mit $\sqrt{G}$ steigen und fallen, während die Schraubenkraft mit G steigt und fällt. Die Leistung ändert sich demnach mit $G^{3/2}$. Es ist aber noch ein zweiter Wert für s für jede Grösse $\frac{Z}{Z_0}$ und $\frac{G_0}{G}$ vorhanden. Dementsprechend wird es 2 Gleichgewichtslagen für das Flugzeug geben, sofern nicht der Ausdruck unter der Wurzel gleich 0 ist, d. h. der Wert m dem Kleinstwert von Z entspricht. Entsprechend den verschiedenen Werten für s wird bei gleichem G stets eine schnellere und eine langsamere Fahrt möglich sein, es fragt sich nur, ob die Steuervorrichtungen wirksam genug sind, das Flugzeug in jeder der beiden Lagen zu halten, oder aus der einen in die andere überzuführen, und ob sich das Flugzeug in beiden Lagen auch im übrigen entsprechend der Wirksamkeit der Steuerorgane steuerbar erweist; meist wird das nicht zutreffen. Diese Tatsache folgt übrigens ohne weiteres aus der Betrachtung der Fig. 16.

Ist $G = G_0$, so bedingt eine Vergrösserung von Z über $Z_0$ hinaus eine Vergrösserung oder Verkleinerung von s. Je mehr Z die Grösse $Z_0$ übertrifft, um so weiter liegen die beiden Werte von s auseinander. Es ergibt sich damit bei gleichen

Einschränkungen, wie vorstehend, die Möglichkeit einer noch grösseren Veränderung der Geschwindigkeit. Das Flugzeug kann mit einer grösseren Geschwindigkeit, aber auch mit kleinerer als $v_0$ fliegen. Praktisch interessieren eigentlich nur die Werte s, die eine Vergrösserung von $v_0$ bedingen, es sei denn, dass bei der Landung auch eine möglichste Verkleinerung von $v_0$ wünschenswert ist.

Die folgende tabellarische Zusammenstellung soll die Abhängigkeit der einzelnen Werte zeigen, wobei mit m = 1 entsprechend dem Fall der günstigsten Transportleistung gerechnet ist und mittleren Verhältnissen entsprechend $K_3^2 \sim = \frac{1}{25} K^2$ gesetzt ist.

| | | | | | | | | | |
|---|---|---|---|---|---|---|---|---|---|
| s = | | 0,4 | 0,6 | 0,8 | 1,0 | 1,2 | 1,4 | 1,6 | 2,0 |
| $\frac{Z \cdot G_0}{Z_0 G}$ = | | 1,48 | 1,15 | 1,030 | 1 | 1.01 | 1,05 | 1,10 | 1,24 |
| $\frac{G}{G_0}$ für $\frac{Z}{Z_0}$ = | 0,8 | 0,54 | 0,69 | 0,78 | 0,80 | 0,79 | 0,76 | 0,73 | 0,65 |
| | 0,9 | 0,610 | 0,78 | 0,88 | 0,90 | 0,89 | 0,86 | 0,82 | 0,73 |
| | 1,0 | 0,68 | 0.87 | 0,98 | 1,00 | 0,99 | 0,95 | 0,91 | 0,81 |
| | 1,1 | 0,74 | 0,96 | 1,08 | 1,10 | 1,09 | 1,05 | 1,00 | 0,89 |
| | 1,2 | 0,81 | 1,04 | 1,17 | 1,20 | 1,19 | 1,14 | 1,09 | 0,97 |
| $\left(\frac{v}{v_0}\right)^2$ für $\frac{Z}{Z_0}$ | 0,8 | 1,35 | 1,15 | 0,98 | 0,80 | 0,66 | 0,54 | 0,46 | 0,32 |
| | 0,9 | 1,52 | 1,30 | 1,10 | 0,90 | 0,74 | 0,61 | 0,51 | 0,36 |
| | 1,0 | 1,70 | 1,44 | 1,21 | 1,00 | 0,83 | 0,68 | 0,57 | 0,40 |
| | 1,1 | 1,85 | 1,60 | 1,35 | 1,10 | 0,91 | 0,75 | 0,63 | 0,44 |
| | 1,2 | 2,01 | 1,74 | 1,46 | 1,20 | 0,99 | 0,81 | 0,68 | 0,48 |
| $\frac{E}{E_0}$ für $\frac{Z}{Z_0}$ | 0,8 | 0,93 | 0,86 | 0,79 | 0,72 | 0,65 | 0,59 | 0,54 | 0,46 |
| | 0,9 | 1,11 | 1,02 | 0,95 | 0,86 | 0,78 | 0,70 | 0,64 | 0,54 |
| | 1,0 | 1,30 | 1,20 | 1,10 | 1,00 | 0,91 | 0,82 | 0,75 | 0,63 |
| | 1,1 | 1,50 | 1,39 | 1,28 | 1,16 | 1,04 | 0,96 | 0,87 | 0,73 |
| | 1,2 | 1,70 | 1,58 | 1,44 | 1,32 | 1,19 | 1,08 | 0,99 | 0,83 |

Würde also z. B. $G_0$ den angenommenen Wert G um 20% übertreffen, Z aber um 10% hinter dem Anschlag zurückbleiben, so würde entsprechend der Tabelle s entweder ca. 0,6 oder ca. 1,6 des vorausgesetzten Wertes betragen müssen, wenn die Maschine fliegen soll. Dementsprechend würde die Geschwindigkeit $\sqrt{1,30} = 1,14$ mal so gross sein, oder $\sqrt{0,51} = 0,72$ mal so gross als vorausgesetzt war, sie würde also entweder um 14°/o grösser sein, oder um 28°/o kleiner, wobei die Frage vorerst offen bleibe, ob der Motor und die Schraube diesen geänderten Bedingungen entsprechen. Wäre also der Winkel $\sigma_0 + \delta$ zu 7° und $\sigma_0$ zu 4° vorausgesetzt gewesen, so müsste der Anstellwinkel nunmehr entweder $4{,}2 - 3 = 1{,}2^0$ betragen oder $11{,}2 - 3 = 8{,}2^0$. Die zu etwa 20 m/sec angenommene Geschwindigkeit würde dementsprechend entweder 23 m/sec oder 14,4 m/sec betragen müssen. Die Leistung, als Produkt $Z \cdot v$ angenommen, würde damit geändert in $0{,}9\,Z \cdot 1{,}14\,v = 1{,}03\,Z\,v$ oder in $0{,}9\,Z \cdot 0{,}72 \cdot v = 0{,}65\,Z\,v$, sie müsste also entweder um 3°/o grösser oder könnte um 35°/o geringer sein. Die angestrebten günstigsten Verhältnisse würden jedenfalls durch die grösseren Geschwindigkeiten eher erfüllt, als durch die kleineren, doch kann hierüber erst Näheres erkannt werden, nachdem die Beziehungen zwischen Motor, Schraube und Fluggeschwindigkeit behandelt sind.

Würde m nicht gleich 1 sein und $K_s^2$ einen anderen Wert haben, so würden die vorstehenden Zahlen im einzelnen anders werden. Man erhielte mit m = 3:

| | | 0,4 | 0,6 | 0,8 | 1,0 | 1,2 | 1,4 | 1,6 | 2,0 |
|---|---|---|---|---|---|---|---|---|---|
| s = | | 0,4 | 0,6 | 0,8 | 1,0 | 1,2 | 1,4 | 1,6 | 2,0 |
| $\frac{Z G_0}{Z_0 G}$ = | | 0,94 | 0,87 | 0,92 | 1,00 | 1,08 | 1,24 | 1,36 | 1,62 |
| $\frac{G}{G_0}$ für $\frac{Z}{Z_0}$ = | 0,8 | 0,85 | 0,92 | 0,87 | 0,80 | 0,74 | 0,65 | 0,59 | 0,49 |
| | 0,9 | 0,96 | 1,04 | 0,98 | 0,90 | 0,83 | 0,73 | 0,66 | 0,55 |
| | 1,0 | 1,06 | 1,15 | 0,08 | 1,00 | 0,93 | 0,81 | 0,74 | 0,62 |
| | 1,1 | 1,17 | 1,26 | 1,20 | 1,10 | 1,02 | 0,89 | 0,81 | 0,68 |
| | 1,2 | 1,38 | 1,38 | 1,30 | 1,20 | 1,11 | 0,97 | 0,88 | 0,74 |
| $\left(\frac{v}{v_0}\right)^2$ für $\frac{Z}{Z_0}$ = | 0,8 | 2,13 | 1,54 | 1,09 | 0,80 | 0,62 | 0,46 | 0,37 | 0,24 |
| | 0,9 | 2,40 | 1,74 | 1,22 | 0,90 | 0,69 | 0,52 | 0,41 | 0,28 |
| | 1,0 | 2,65 | 1,92 | 1,35 | 1,00 | 0,78 | 0,58 | 0,46 | 0,31 |
| | 1,1 | 2,93 | 2,10 | 1,50 | 1,10 | 0,85 | 0,64 | 0,51 | 0,34 |
| | 1,2 | 3,45 | 2,30 | 1,62 | 1,20 | 0,93 | 0,69 | 0,55 | 0,37 |
| $\frac{E}{E_0}$ für $\frac{Z}{Z_0}$ | 0,8 | 1,16 | 1,00 | 0,82 | 0,72 | 0,63 | 0,54 | 0,49 | 0,39 |
| | 0,9 | 1,40 | 1,20 | 0,99 | 0,86 | 0,75 | 0,65 | 0,58 | 0,48 |
| | 1,0 | 1,62 | 1,39 | 1,16 | 1,00 | 0,88 | 0,76 | 0,68 | 0,55 |
| | 1,1 | 1,90 | 1,60 | 1,34 | 1,16 | 1,02 | 0,88 | 0,78 | 0,64 |
| | 1,2 | 2,35 | 1,82 | 1,53 | 1,32 | 1,15 | 1,00 | 0,89 | 0,73 |

Der gleiche Fall wie zuvor, würde ergeben, für s ca 1,2 und $\left(\frac{v}{v_0}\right)^2 = 0{,}69$ bei etwas grösserem Anstellwinkel würde sich also eine um 17 % kleinere Gechwindigkeit erreichen lassen.

Aus den Tabellen ersieht man ferner, dass, wenn Z kleiner ist als vorausgesetzt, im ersten Fall der Flug unmöglich wird, sobald G grösser als das angenommene $G_0$ ist. Das gilt für den zweiten Fall der grössten Hubleistung nicht in gleichem Mass. Die praktischen Fälle werden im allgemeinen zwischen den beiden vorgeführten liegen. Würde im zweiten Beispiel $G = 1{,}1\ G_0$ sein, so wäre auch hier ein Flug erst möglich, wenn Z mindestens den Wert $Z_0$ hat.

Würden andererseits $G_0$ und $Z_0$ eingehalten sein, so kann man aus den Tabellen entnehmen, welche Überlasten einerseits noch getragen werden könnten und welche Geschwindigkeiten zu erwarten wären. Man sieht wiederum, dass im ersten Fall eine Überlast ausgeschlossen ist, dass man aber einen grossen Spielraum betr. der Gewichte nach oben und unten hat, wenn $Z = 1{,}7\ Z_0$ ist. Anders im zweiten Fall. Schon für $Z = Z_0$ kann noch eine Überlast von 15 % und eine Unterlast bis zu 40 % transportiert werden.

Man sieht hieraus, dass man, wenn eine günstigste Transportleistung angestrebt wird, bedacht sein muss, den Schraubenzug in Rücksicht auf die praktischen Forderungen reichlich zu nehmen, während das im zweiten Fall nicht gleich notwendig erscheint.

Etwas anders liegen die Dinge, wenn man anstatt nach dem Schraubenzug, nach der Leistung sieht. Es wird das im allgemeinen praktisch richtiger sein, denn solange nur die geforderte Leistung von dem vorhandenen Motor abgegeben werden kann, ist man durch Wahl einer geeigneten anderen Schraube, den Schraubenzug zu berichtigen in der Lage. Das ist einfacher und billiger als der Einbau eines neuen Motors. Im Fall der grössten Hubleistung ist mit Überschreitung des Gewichts $G_0$ mit $E_0$ ein Flug ausgeschlossen.

Im Fall der günstigsten Transportleistung ist im Bereich der Tabelle eine Gewichtsüberschreitung von mehr als 10 %

möglich, ohne dass eine Änderung der Motorstärke nötig wäre, wobei dann aber die Fluggeschwindigkeit wesentlich geringer wird. Entsprechendes gilt für dazwischenliegende Verhältnisse.

Für den Fall, dass E sich nicht ändert, wo also $\frac{E}{E_0} = 1$ ist, erhält man bei günstigster Transportleistung:

| | | | | | | | | |
|---|---|---|---|---|---|---|---|---|
| $s =$ | 0,4 | 0,6 | 0,8 | 1,0 | 1,2 | 1,4 | 1,6 | 2,0 |
| $\frac{Z}{Z_0} =$ | 0,84 | 0,81 | 0,93 | 1,00 | 1,06 | 1,13 | 1,21 | 1,35 |
| $\frac{G}{G_0} =$ | 0,57 | 0,70 | 0,91 | 1,00 | 1,05 | 1,08 | 1,10 | 1,10 |
| $\left(\frac{v}{v_0}\right)^2 =$ | 1,42 | 1,17 | 1,11 | 1,00 | 0,88 | 0,77 | 0,69 | 0,54 |

Analog bei günstigster Hubleistung:

| | | | | | | | | |
|---|---|---|---|---|---|---|---|---|
| $s =$ | 0,4 | 0,6 | 0,8 | 1,0 | 1,2 | 1,4 | 1,6 | 2,0 |
| $\frac{Z}{Z_0} =$ | 0,73 | 0,80 | 0,91 | 1,00 | 1,09 | 1,20 | 1,30 | 1,55 |
| $\frac{G}{G_0} =$ | 0,79 | 0,92 | 0,98 | 1,00 | 0,99 | 0,97 | 0,95 | 0,92 |
| $\left(\frac{v}{v_0}\right)^2 =$ | 1,97 | 1,54 | 1,23 | 1,00 | 0,84 | 0,69 | 0,60 | 0,40 |

Bei günstigster Hubleistung kann ohne Vergrösserung von E natürlich kein Mehrgewicht getragen werden. Mit kleineren Gewichten kann man je nach der Steuerung grössere oder geringere Geschwindigkeiten als die normale erzielen. Im Fall günstigster Transportleistung können die Lasten beträchtlich schwanken, und je grösser die Last, um so geringer wird die Geschwindigkeit.

## Aufsteigende und absteigende Flugbahn.

Es soll im folgenden untersucht werden, wie gross die Steiggeschwindigkeit eines Flugzeugs sein kann, wobei angenommen werde, dass der Schraubenzug bei jeder Lage des Flugzeugs als mehr oder weniger gleichbleibend angesehen werden kann, so dass also, wenn $Z_0$ der Schraubenzug bei horizontalem Flug ist, $Z = Z_0$ ist. Die Geschwindigkeit im horizontalen Flug sei $v_0$, der Auftrieb dementsprechend $V_0$, der Anstellwinkel $\sigma_0$. Das Verhältnis $\frac{\sigma + \delta}{\sigma_0 + \delta}$ sei wiederum gleich s für den schrägen Flug, während auch die übrigen Bezeichnungen den früheren entsprechen.[1])

Aus der Figur 20 ergibt sich, dass die Schraubenzugkraft gleich dem Widerstand des Flugzeugs bei der Geschwindigkeit $v$ vermehrt um $G \sin \beta$ sein muss, d. h.

$$Z_0 = K_2^2 v_0^2 (1 + m) K^2$$

$$= Z = K_2^2 \,.\, v^2 [(1 + m s^2) K^2 + (1 - s) K_3^2] + G \sin \beta, \qquad 1)$$

ferner

$$V = G \cos \beta = K_1^2 \,.\, v^2 s, \qquad 2)$$

während im horizontalen Flug

$$V_0 = K_1^2 v_0^2 = G \text{ war.}$$

Daraus folgt:

$$v^2 = v_0^2 \frac{1}{s} \cos \beta. \qquad 3)$$

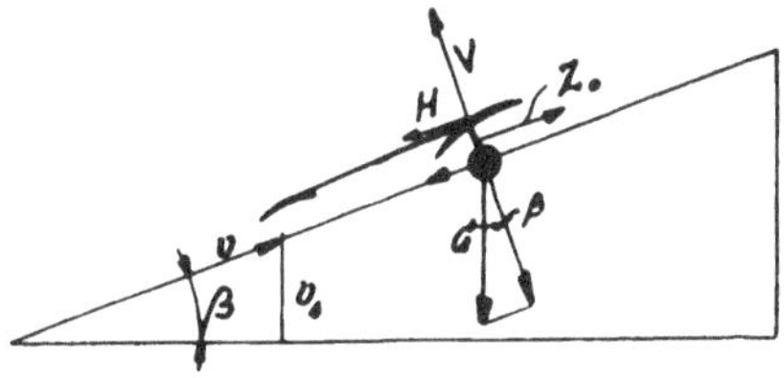


Fig. 20.

Setzt man diese Werte in die Gleichung für Z ein und setzt ausserdem $\frac{1}{\cos \beta} = \sim 1$, da der Steigwinkel $\beta$ jedenfalls nicht sehr gross sein wird, so ergibt sich nach einer kleinen Umformung:

$$\operatorname{tg} \beta = \sim \frac{K_2^2}{K_1^2} \left( K^2 \left[ (1 + m) - \frac{1}{s} (1 + m s^2) \right] - K_3^2 (1 - s) \frac{1}{s} \right). \; 4)$$

$\operatorname{tg} \beta$ erhält dann seinen Grösstwert für

$$s^2 = \frac{1}{m} \left( 1 + \frac{K_3^2}{K^2} \right) \qquad 5)$$

und wird

$$\operatorname{tg} \beta_{max} = \frac{K_2^2}{K_1^2} K^2 \left( \sqrt{1 + \frac{K_3^2}{K^2}} - \sqrt{m} \right)^2. \qquad 6)$$

---

[1]) Dabei werde vorausgesetzt, dass der Beharrungszustand der Steigbewegung erreicht ist, infolgedessen keine Massenkräfte mehr wirken, und die Vertikalbeschleunigung, die der Erreichung des Beharrungszustandes vorausgeht, also schon beendet ist.

Damit wird dann

$$v^2 \sim = v_0^2 \frac{1}{s} = v_0^2 \frac{\sqrt{m}}{\sqrt{1 + \frac{K_3^2}{K^2}}} \qquad 7)$$

und mit $\operatorname{tg} \beta = \sim \sin \beta$ die Steiggeschwindigkeit $v_s$

$$v_{s\,max} = v \sin \beta = v_0 \sqrt[4]{\frac{m}{1 + \frac{K_3^2}{K^2}}} \cdot \frac{K_2^2}{K_1^2} K^2 \left( \sqrt{1 + \frac{K_3^2}{K^2}} - \sqrt{m} \right)^2. \qquad 8)$$

Steiggeschwindigkeit und Steigwinkel werden Null, wenn $m = 1 + \frac{K_3^2}{K^2}$ ist, d. h. wenn $m = \sim 1$ ist. Das ist also im Fall der grössten Transportleistung. Es war schon im Vorausgehenden auf die praktischen Schwierigkeiten hingewiesen, die sich bieten, sobald dieser Fall genau eingehalten ist. Es müsste also auch nach den vorliegenden Resultaten m entweder kleiner oder grösser als 1 sein, soll, was unbedingt nötig, eine gewisse Steiggeschwindigkeit erzielbar sein.

Es liegt im Sinn der ganzen Rechnung, dass s und damit $\sigma$ sich nun nicht mehr auf die Horizontale beziehen, sondern auf die schräg liegende Flugbahn. Die Gleichung für $s^2$ zeigt, dass, wenn $m > 1$ ist, $s < 1$ wird, da ja $\frac{K_3^2}{K^2}$ stets sehr klein ist, d. h. dass der Anstellwinkel $\sigma$ gegenüber der Flugbahn bei aufsteigendem Flug kleiner wird, ist aber $m < 1$, so liegen die Verhältnisse umgekehrt. Gegenüber der Horizontalen wird aber trotzdem in beiden Fällen $\sigma$ grösser sein als zuvor, nur dass in dem einen Fall der Steigwinkel grösser ist als die Zunahme von $\sigma$, im anderen Fall kleiner.. Die Stellung der Steuerflächen ist eine Sache für sich, denn durch die Stellung dieser Flächen wird nicht nur der Winkel des Flugzeugs gegenüber der Flugbahn, sondern auch gegenüber der Vertikalen bedingt. Auf diesen Punkt wird später noch einzugehen sein.

Aus der Gleichung für $v_s$ folgt, dass die Steiggeschwindigkeit um so grösser ist, je grösser $v_0$ ist, ferner um so grösser, je grösser m ist. Ist m kleiner als 1, so ergeben sich, abgesehen von der Grösse $v_0$, die ja bei kleinem m relativ gross ist, kleine

Steiggeschwindigkeiten. Da $v_0$ sich mit $\frac{1}{\sqrt[3]{m+1}}$ bei festliegender Leistung ändert, so überwiegt auch in diesem Fall unter Berücksichtigung von $v_0$ der festgestellte Einfluss von m. Dasselbe gilt, wenn man den Schraubenzug konstant annimmt.

Da sich ferner bei konstantem Schraubenzug bei Vergrösserung von G der Ausdruck $\frac{Z}{G}$, solange ein Flug noch möglich ist, ständig mehr und mehr seinem Kleinstwert nähert, für den $m = 1$ ist, so wird die Steiggeschwindigkeit, wie selbstverständlich mit Vergrösserung von G ständig geringer werden, bis der Wert 0 im Grenzfall erreicht ist. Das gilt ebenso für den Fall, dass ursprünglich m grösser als 1, wie für den Fall, dass es kleiner als 1 war.

Es war $$K_2^2 = \frac{F\gamma}{G} k_2$$

und $$K_1^2 = \frac{F\gamma}{G} k_1 \sin\frac{\alpha}{2}.$$

Daraus folgt: $$\frac{K_2^2}{K_1^2} = \frac{k_2}{k_1} \frac{1}{\sin\frac{\alpha}{2}}.$$

Es zeigt sich, dass, abgesehen von $k_2$ und $k_1$ die Steiggeschwindigkeit für Maschinen mit flacher Wölbung der Tragflächen bei sonst gleichen Verhältnissen grösser sein wird als für Maschinen mit grosser Tragflächenwölbung.

Die Grösse $K^2$ stellt den Anteil der toten Widerstände dar. Es war $K^2 = \frac{k_1 F + k S}{k_2 F}$. Je grösser diese Widerstände, um so grösser wird auch $v_s$ werden. (Daraus dürfte man aber nicht folgern, dass man die Steiggeschwindigkeit einer fertigen Maschine durch Hinzufügung weiterer Widerstände verbessern könnte. Denn damit würde sich $v_0$ bei gegebenem Schraubenzug und ebenso m verkleinern, so dass $v_0$ um mehr abnehmen würde, als der Zuwachs von K beträgt. Es ist vielmehr nur zu folgern, dass von zwei Maschinen, die in bezug auf die Werte der Gleichung für $v_s$ vollständig gleich sind, diejenige, die grössere tote Widerstände hat, eine grössere Steiggeschwindigkeit besitzen wird, im übrigen aber auch einen stärkeren Motor haben muss; ähnliche Einschränkungen gelten auch für die übrigen vorausgehenden Folgerungen.

Würde z. B. $\sin\frac{\alpha}{2} = 0{,}15$ sein, entsprechend $\alpha = 18^0$, ferner $k_1 = k_2$; $\frac{K_3^2}{K^2} = \frac{1}{25}$; $K^2 = 0{,}02$ und $m = 3$, so ergäbe sich

$$\operatorname{tg}\beta_{max} = \frac{1}{0{,}15}\, 0{,}02 \left(\sqrt{1+0{,}04} - \sqrt{3}\right)^2,$$

$$= \frac{1}{15},$$

$$\beta_{max} = 3^0\, 50,$$

$$v_{s\,max} = v_0 \sqrt[4]{\frac{3}{1{,}04}}\,\frac{1}{15} = v_0\,\frac{1.3}{15} = 0{,}087\,.\,v_0.$$

Wäre $v_0 = 20$ m/sec, so wäre

$$v_{s\,max} = 1{,}75 \text{ m/sec},$$

so dass 1000 m Höhe in ca. 10 Minuten erreicht würden.

Die Entwickelung zeigt, dass eine Mehrleistung für einen Flug nach oben an sich für ein Flugzeug nicht in Rechnung zu setzen ist, es sei denn, dass der Fall günstigster Transportleistung vorliegt, sofern mit einem konstanten Schraubenzug zu rechnen ist.

Bei den vorstehenden Rechnungen war Voraussetzung, dass mit einem unveränderlichen Schraubenzug gerechnet werden könnte, was bei den Ergebnissen der Rechnung zu berücksichtigen ist. Auch hier gilt das schon früher Gesagte, dass eine Berichtigung notwendig werden wird, sofern diese Voraussetzung nicht zutrifft, weswegen auf spätere Abschnitte verwiesen werden muss, denn in der Tat wird weder Schraubenzug vollständig noch Leistung als konstant gelten dürfen.

Die Formel für $\operatorname{tg}\beta$ zeigt ferner, dass $\beta$ auch Null werden kann, wenn

$$K^2(1+m) = K^2(1+m s^2)\frac{1}{s} + K_3^2(1-s)\frac{1}{s} \qquad 9)$$

oder

$$s = \frac{(K^2(1+m) + K_3^2) \pm (K^2(1-m) + K_3^2)}{2mK^2} \qquad 10)$$

ist. Die Ausrechnung ergibt $s_1 = 1$ 11)

und $$s_2 = \frac{K^2 + K_3^2}{m K^2}.$$ 12)

Jenseits dieser Werte s wird $\operatorname{tg}\beta$ und damit $\beta$ selbst negativ. Es wird also dann aus der aufsteigenden Flugbahn eine absteigende, die bis $\operatorname{tg}\beta = -\infty$, $\beta = -90^0$ anwächst.

Aus diesem Ergebnis folgt, dass wie schon erwähnt, zwei Werte s vorhanden sind, für die die Flugbahn horizontal wird und mit $s_2$ ist für die Voraussetzung gleichbleibenden Schraubenzugs dieser zweite Wert für s bestimmt. Dieser zweite Wert liegt um so weiter von dem ersten ab, je mehr sich m von 1 unterscheidet.

Gleichung 4) Seite 91 gilt also nicht nur für die aufsteigende Flugbahn, sondern auch mit negativem $\beta$ für die absteigende. Je kleiner $K^2(1 + m)$, d. i. der Anteil des Schraubenzugs bei horizontalem Flug, um so steiler wird der Absteigwinkel bei gleichem s. Er wird also bei einem bestimmten Tragflächenanstellwinkel um so grösser, je mehr man den Motor abdrosselt und erreicht seinen Grösstwert bei abgestelltem Motor, wobei dann der absteigende Flug in den Gleitflug übergeht. Die Geschwindigkeit in der Flugbahn ist dann in beiden Fällen dieselbe, weil sie nur von s abhängt. Daraus folgt, dass man bei einem bestimmten Flächenanstellwinkel mit abgestelltem oder gedrosseltem Motor eine grössere Vertikalgeschwindigkeit erreicht, als mit vollbelastetem Motor. Andererseits folgt daraus, dass man bei Einhaltung eines bestimmten Abstiegwinkels mit vollbelastetem Motor eine grössere Flug- und damit auch Abstieggeschwindigkeit, d. i. Vertikalgeschwindigkeit erreicht, als mit abgestelltem oder gedrosseltem Motor.

## Aufsteigende und absteigende Luftströmungen.

Hat eine Luftströmung, eine Vertikalkomponente von der Grösse $w_v$ und beträgt die absolute Geschwindigkeit des Flugzeugs $v_0$, so setzen sich beide Geschwindigkeiten zu einer resultierenden Relativgeschwindigkeit der Luft gegenüber dem Flugzeug zusammen. Die Grösse dieser resultierenden Geschwindigkeit ist dann $\sqrt{w_v^2 + v_o^2}$, ihre Richtung ist gegeben durch

$$\operatorname{tg} \beta = \frac{w_v}{v_o}$$

Eine solche aufsteigende Luftströmung wird das Flugzeug anheben, eine absteigende niederdrücken. Es kommt der Vorgang ungefähr auf dasselbe hinaus, wie wenn sich der Anstellwinkel der Tragfläche um den Winkel $\beta$ vergrössert, während aber gleichzeitig die Rücksicht auf die dadurch bedingte Veränderung des Schraubenzugs wegfällt. Bis zu einem gewissen Grad können die früheren Tabellen über diese Vorgänge Aufschluss geben. Es wird unter diesen Umständen eine Beschleunigung des Flugzeugs nach oben oder unten eintreten, bis die Vertikalgeschwindigkeit des Flugzeugs die Vertikalgeschwindigkeit der Luftströmung erreicht hat. Der Flug wird dann unter dem Winkel $\beta$ nach oben oder unten führen.

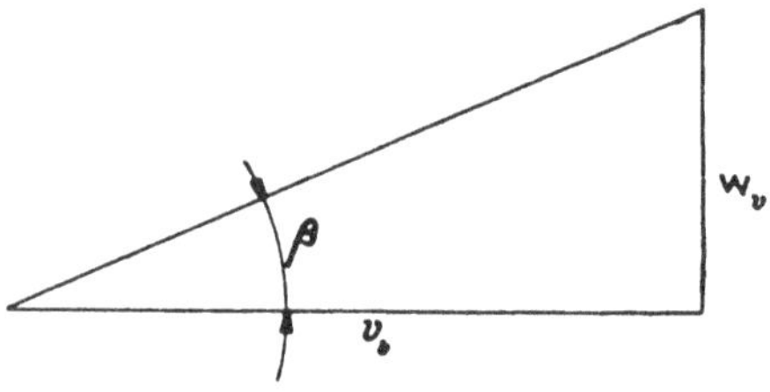


Fig. 21.

Dabei ist vorausgesetzt, dass durch gar keine Steuerbewegungen diesem Verhalten der Maschine entgegengearbeitet worden wäre. Der Führer wird aber, wenn nicht die auf- oder absteigende Bewegung, die die Maschine ausführt, mit seinen Absichten zusammentrifft, diesen Bewegungen entgegenarbeiten.

Wenn er die Flugbahn um ebensoviel senkt, als sie durch die Luftströmung gehoben wird, so wird der Flug horizontal bleiben. Im Zusammenhang mit dem vorigen Abschnitt zeigt sich aber nun, dass ein bestimmter Aufstiegwinkel nicht überschritten werden kann ohne Vergrössserung der Motorleistung.

Daraus folgt also, dass absteigenden Luftströmungen nur mit vollem Erfolg begegnet werden kann, wenn die Vertikalgeschwindigkeit der Luftströmung die Steiggeschwindigkeit nicht überschreitet. Handelt es sich um einen aufsteigenden Wind, so wird ihr leichter entgegengearbeitet werden können, wenn man die erforderlichen grossen Relativgeschwindigkeiten gegenüber dem Wind, die sich unter Umständen ergeben, nicht scheut.

## Der Gleitflug.

Der Gleitflug ist der Flug bei abgestelltem Motor, er kann nach Lage der Dinge, solange nicht besondere Umstände vorliegen, nur abwärts führen. Alles was über den Widerstand der Tragflächen, über sonstige Widerstände usw. gesagt ist, gilt sinngemäss auch für den Gleitflug. Handelt es sich um eine mit Motor und Schraube ausgerüstete Maschine, so ist allerdings zu beachten, dass bei abgestelltem Motor der tote Widerstand der Maschine durch den Widerstand, den die Schraube in der Luft findet, erhöht wird. Dieser Widerstand entspricht dem Leerlaufwiderstand des Motors und kann so etwa 10% bis 20% der Schraubenkraft betragen. Da die Schraubenkraft ebenso gross ist wie die gesamten Widerstände, so wird mit einer Zunahme dieser Kräfte bei abgestelltem Motor um 10% zu rechnen sein.

Zur Bestimmung der Grösse des Gleitwinkels wird man ebenso vorgehen, wie im Fall der absteigenden Flugbahn, nur dass die Schraubenkraft Z gleich Null zu setzen ist. Damit ergibt sich entsprechend Gleichung 4 S. 91

$$\mathrm{tg}\,\beta = \frac{K_2^2}{K_1^2}\left(K_3^2\,(1-s)\,\frac{1}{s} + \frac{1}{s}\,(1 + ms^2)\,K^2\right). \qquad 1)$$

Man sieht, dass man bei feststehendem m die Grösse von $\mathrm{tg}\,\beta$ und damit $\beta$ durch Veränderung von s bis zu einem gewissen Grad in der Hand hat. Für denselben Wert von s, wie im Fall der absteigenden Flugbahn, ergibt sich ein Minimum für $\beta$ unter Vernachlässigung von $\frac{K_3^2}{K^2}$ gegenüber 1, wenn

$$s = \frac{1}{\sqrt{m}}, \qquad 2)$$

womit

$$\mathrm{tg}\,\beta_{\min} = 2\sqrt{m}\,K^2\,\frac{K_2^2}{K_1^2} \text{ ist.} \qquad 3)$$

Mit m = 1 (günstigste Transportleistung) wird s = 1 und

$$\mathrm{tg}\,\beta = 2\,K^2\,\frac{K_2^2}{K_1^2}, \qquad 4)$$

mit m = 3 wird

$$s = \frac{1}{\sqrt{3}} \text{ und } \mathrm{tg}\,\beta_{\min} = 2\sqrt{3}\,K^2\,\frac{K_2^2}{K_1^2}. \qquad 5)$$

Man kann auch fragen, für welchen Wert von m der Gleitwinkel $\beta$ am kleinsten wird. Da m von den übrigen Grössen in dem Ausdruck von $\beta_{min}$ abhängig ist, kann dieser Ausdruck darüber nicht Aufschluss geben. Geht man von der Fig. 22 S. 98 aus, so erkennt man, dass $tg\beta$ sich darstellt als das Verhältnis von $v_v$ und $v_h$, also das Verhältnis der Vertikalkomponente der Fluggeschwindigkeit zur Horizontalkomponente. Die Bedingung, dass $tg\beta$ ein Minimum werde, kommt demnach der Forderung gleich, dass $\frac{v_v}{v_h}$ ein Minimum sei. Multipliziert man Zähler und Nenner mit G, so erhält man $\frac{G\,v_v}{G\,v_h}$. Kommt das Flugzeug in der Sekunde entsprechend seiner Fluggeschwindigkeit von A nach B,

Fig. 22.

so ist es senkrecht um die Strecke AC gefallen und hat horizontal die Strecke BC zurückgelegt, wobei $AC = v_v$ und $BC = v_h$ wäre. Die für die Zurücklegung der horizontalen Strecke BC aufgewendete Energie entspricht deshalb der Fallhöhe AC und dem Gewicht G des Ganzen, und das Gewicht G ist dabei um die Strecke BC transportiert worden. Wir haben damit die Transportleistung

$$t = \frac{G \cdot v_h}{G \cdot v_v} = \frac{v_h}{v_v} = \frac{1}{tg\beta},$$

wenn demnach $tg\beta$ ein Minimum wird, wird t ein Maximum und die Forderung, dass $\beta$ ein Minimum werde, entspricht genau der früheren Forderung der günstigsten Transportleistung.

Wir sahen, dass die günstigste Transportleistung erzielt wird, wenn $m = 1$ ist oder in Worten, wenn die Nutzwiderstände, das sind die einen Auftrieb ergebenden Tragflächenwiderstände, ebenso gross sind wie die toten Widerstände. Diese Feststellung gilt also auch für den vorliegenden Fall. Damit erhält man für $\beta_{min}$

$$\operatorname{tg} \beta_{min} = 2 K^2 \frac{K_2^2}{K_1^2}, \tag{6}$$

und es erscheint tg $\beta$ nur noch von $K^2 = \frac{k_3 + kS}{k_2 F}$ abhängig d. h. in der Hauptsache von dem Verhältnis der Stirnwiderstände zur Tragfläche. Der Gleitwinkel einer Maschine wird um so kleiner werden, je kleiner S und je grösser F ist.

Man kann auch schreiben, da nach der Bedingung $m = 1$ gesetzt werden kann,

$$K^2 = \sin \frac{\alpha}{2} \sin \frac{\alpha}{6},$$

und nach Früherem $K_1^2 = k_1 \frac{F\gamma}{g} \sin \frac{\alpha}{2}$

$$K_2^2 = k_2 \frac{F\gamma}{g},$$

$$\operatorname{tg} \beta = \frac{k_1}{k_2} 2 \sin \frac{\alpha}{6} = \sim \frac{k_1}{k_2} \sin \frac{\alpha}{3}, \tag{7}$$

womit eine Beziehung zwischen $\alpha$ und $\beta$ gegeben ist, vorausgesetzt, dass die vorausgegangene Bedingung $m = 1$ erfüllt ist.

Geht man von der günstigsten Hubleistung aus und wendet denselben Gedankengang wie zuvor an, so kann die günstigste Hubleistung geschrieben werden

$$\frac{G}{E} = \frac{G}{G \cdot v_v} = \frac{1}{v_v} = \text{Maximum},$$

d. h. sie fällt zusammen mit der Forderung kleinster Sinkgeschwindigkeit. Der Gleitwinkel muss dann, da die vorige Bedingung den kleinsten Gleitwinkel gab, grösser als im vorigen Fall werden, trotzdem wird aber das Flugzeug von einem bestimmten Punkt absteigend länger in der Luft bleiben, ehe es den Boden berührt, weil die Geschwindigkeiten geringer sind. Diese Feststellungen gelten aber nur unter Voraussetzung von $s = 1$. Denkt man an die Schwierigkeiten, die bei veränderlichem Gewicht oder veränderlicher Schraubenkraft, bei ansteigendem Flug usw. mit dem Fall günstigster Transportleistung verbunden waren, so leuchtet es ein, dass die Behauptung, die Güte einer Flugmaschine könne nach der Grösse des Gleitwinkels bewertet werden, auf sehr schwachen Füssen steht und eine Unkenntnis aller praktischen Forderungen verrät.

Vor einigen Jahren wurde ein Modellwettbewerb für Flugzeuge in München veranstaltet, wobei die Bewertung nach diesem Grundsatz erfolgte. Man erhoffte von ihr einen Ansporn und eine Anregung für die deutschen Konstrukteure. Die Folge hat gezeigt, dass diese Hoffnung nicht in Erfüllung ging, und nach dem Vorstehenden schon war das vorauszusehen.

Es war gesagt, dass durch freie Wahl von s die Grösse von tg $\beta$ beeinflusst werden kann, dass man also in der Lage ist, steiler niederzugehen als den Werten $\beta_{min}$ entspricht. Ausserdem wird $v$ durch s beeinflusst, entsprechend $v^2 = v_0^2 \frac{1}{s}$.

Man erhält mit $K^2 = 0{,}015$, $K_3^2 = \frac{1}{25} K^2$, für $\frac{K_1^2}{K_2^2} = 0{,}15$, wenn m $= 1$ ist, und $\frac{K_1^2}{K_1^2} = \sqrt{3} \cdot 0{,}15 = 0{,}26$ (vergl. S. 85) wenn m $= 3$ ist:

| | | | | | | | | |
|---|---|---|---|---|---|---|---|---|
| s = | 0,3 | 0,4 | 0,6 | 0,8 | 1,0 | 1,2 | 1,4 | 2,0 |
| mit m = 1 : $\beta$ = | — | — | 13 | 11,5 | 11,0 | 11,5 | 12 | 14,0 |
| mit m = 3 : $\beta$ = | 13,5 | 11,6 | 11,0 | 12 | 13,5 | — | — | 20,5. |

Die Geschwindigkeiten $v_0$ im übrigen gleicher Maschinen verhalten sich, je nachdem m = 1 oder m = 3 gewählt wird, (es ist zu beachten, dass $\alpha$ für m = 1 und m = 3 verschieden ist,) nach Früherem wie $^3/_4$ zu $\frac{\sqrt{3}}{2}$ oder wie 1 zu 0,86 (vergl. S. 66). Demnach erhält man für $v$ die folgenden Gleitgeschwindigkeiten:

| s = | | 0,3 | 0,4 | 0,6 | 0,8 | 1,0 | 1,2 | 1,4 | 2,0 |
|---|---|---|---|---|---|---|---|---|---|
| m = 1 | $v$ = $v_0$ mal | — | — | 1,66 | 1,25 | 1 | 0,83 | 0,71 | 0,5 |
| m = 3 | $v$ = $v_0$ mal | 2,9 | 2,15 | 1,44 | 1,08 | 0,86 | — | — | 0,43 |
| m = 1 | $v_v$ = $v_0$ mal | — | — | 0,37 | 0,25 | 0,19 | 0,183 | 0,148 | 0,12 |
| m = 3 | $v_v$ = $v_0$ mal | 0.68 | 0,435 | 0,275 | 0,225 | 0,202 | — | — | 0,15 |

## Allgemeine Gesichtspunkte.

Mittelbar hängt der Erfolg einer Konstruktion von der verfügbaren Schraubenkraft ab. Die vorausgehenden Rechnungen zeigen zwar, dass in erster Linie darauf zu sehen ist, über die erforderliche Leistung zu verfügen, also einen entsprechend starken Motor zu verwenden. Ein solcher Motor wird aber, mit einer bestimmten Schraube ausgerüstet, nur eine innerhalb nicht zu weiter Grenzen veränderliche Schraubenkraft abgeben, so dass man, Schraube und Motor als Ganzes betrachtet, nicht denjenigen grossen Spielraum für Geschwindigkeit und Last vor sich hat, den man sonst voraussetzen könnte. Um diesen Spielraum voll auszunützen, müsste man entweder verstellbare Schrauben verwenden oder die Schraube je nach den Verhältnissen gegen eine andere vertauschen. Auch in diesem Fall bleibt immer noch die Frage offen, ob die Steuervorrichtungen der Maschine gleichfalls den jeweiligen Verhältnissen gewachsen sind, auf welchen Umstand ja auch schon früher hingewiesen wurde, d. h. ob die Steuervorrichtungen wirksam genug sind, um die Maschine bei den jeweils verschiedenen Geschwindigkeiten in den erforderlichen Schräglagen zu halten und unbeabsichtigte Bewegungen zu verhindern.

Zu diesen Gesichtspunkten kommen noch andere hinzu, die die Steuerfähigkeit der Maschine in der Vertikalen — eine solche muss ja unbedingt gefordert werden —, beeinflussen. Soll die Maschine aus einer Höhenlage in eine andere gebracht werden, so ist ihr eine Vertikalgeschwindigkeit aufwärts zu erteilen, die Maschine also zu beschleunigen. Dazu müssen die Massenkräfte der Maschine, die ja proportional ihrem Gewicht sind, überwunden werden. Demnach muss die auf die Maschine wirkende Vertikalkraft, die im normalen Zustand ebenso gross wie ihr Gewicht ist, vergrössert werden können. Bei diesem Vorgang wird sich die Schraubenzugkraft, besonders wenn es sich um rasche Steuerbewegungen handelt, kaum vergrössern, es wäre also mit gleichbleibendem Z. zu rechnen. Wohl aber kann und wird eine in die Bewegungsrichtung fallende Massenkraft der Maschine zur Schraubenkraft hinzukommen. Wird durch die

Steuerbewegung die Maschinengeschwindigkeit vergrössert, so wird diese Massenkraft der Schraubenkraft entgegenwirken und umgekehrt sie unterstützen, bis die Geschwindigkeitsänderung der Maschine beendet ist.

Es wird also für die Möglichkeit einer zuverlässigen Steuerung darauf ankommen, eine wie grosse Änderung der Vertikalkraft bei Veränderung des Anstellwinkels zu erwarten ist. Man wird dabei für kleine Änderungen des Anstellwinkels die Gleichung 17 S. 85 verwenden können und es ergibt sich:

| | m = | 0,5 | 0,75 | 1,0 | 1,5 | 2,0 | 2,5 | 3,0 | 5,0 |
|---|---|---|---|---|---|---|---|---|---|
| $\frac{G_0}{G}$ für | s = 0,9 | 1,04 | 1,01 | 1,00 | 0,98 | 0,96 | 0,95 | 0,94 | 0,92 |
| | s = 1,1 | 0,97 | 0,99 | 1,00 | 1,02 | 1,03 | 1,04 | 1,05 | 1,06 |

Man sieht wiederum, dass, wenn m = 1 ist, ungünstige Verhältnisse vorliegen, ein Aufwärtssteuern ist unmöglich, die Maschine wird auf Steuerbewegungen nur durch Aufbäumen reagieren, sie wird zwar infolge der Wirkung der Massenkräfte dabei etwas steigen, aber, da sie dabei ihre Geschwindigkeit verliert, wieder auf die alte Höhe zurückfallen.

Es zeigt sich nun, dass häufig Maschinen bei einer bestimmten Belastung eine gewisse Höhe erreichen können, über diese Höhe aber nicht hinauskommen, sondern immer wieder zurückfallen. Diese Grenzhöhe ist je nach den Umständen verschieden. In manchen Fällen beträgt sie nur wenige Meter, in anderen tritt dieser Zustand erst in grösserer Höhe ein. Man könnte daraus schliessen, dass die Tragfähigkeit einer Maschine von der Höhenlage abhängig ist.

Die Formeln für den Luftwiderstand enthalten den Ausdruck $\frac{\gamma}{g}$, aus dem hervorgeht, dass der Widerstand um so geringer wird, je geringer das spezifische Gewicht der Luft ist. Zunächst folgt daraus, da mit der Höhe das spezifische Gewicht der Luft nach bestimmten Gesetzen (vergl. Band 1 und 2 dieser Sammlung) abnimmt, dass auch der Auftrieb mit der Höhe, die das Flugzeug erreicht, abnimmt. Im gleichen Mass nimmt dann aber natürlich auch der Rücktrieb ab. Wäre der zur Verfügung stehende Schraubenzug unveränderlich, so würde also eine grössere Geschwindigkeit erzielt werden können, bei der sich dann auch der frühere Auftrieb wieder einstellen würde. Die Motorleistung müsste aber dann, wie klar, im Verhältnis der vergrösserten Geschwindigkeit grösser sein[1]). Die Motorleistung wiederum wird dem Flugzeug durch die Schraube übermittelt. Auch für sie würde der Luftwiderstand geringer sein, sie müsste, um den gleichen Schraubenzug abzugeben, sich ebenfalls schneller drehen müssen, vorausgesetzt, dass sie für die erhöhte Fluggeschwindigkeit noch geeignete Abmessungen hätte. Damit käme schliesslich alles auf den Motor an. Wird er bei der erhöhten Umdrehungszahl noch die erforderliche erhöhte Leistung abgeben können oder nicht? Es ist aber zu beachten, dass der Motor ein geringeres Gewicht an Verbrennungsgemisch ansaugt, entsprechend dem verringerten spezifischen Gewicht der Luft, er also jedenfalls auch ein geringeres Drehmoment besitzt als unter höherem Luftdruck, vorausgesetzt, dass der Vergaser bei den geänderten Drucken richtig arbeitet, Einzelheiten, auf die hier nicht näher eingegangen werden kann. Aus allem geht hervor, dass die Verhältnisse mit Erreichung grösserer Höhen ungünstiger werden und dass alles auf den ursprünglichen Überschuss an Motorleistung ankommen wird; sofern und solange man durch Veränderung von s die erforderliche Motorleistung und die erforderliche Schraubenkraft den veränderten Verhältnissen anpassen kann, wird der Flug aufrecht erhalten werden können. Mit dem Augenblick, wo die Schraubenkraft infolge Verringerung der Motorleistung und infolge der ungünstigeren Bedingungen, unter denen die Schraube selbst und der Motor arbeiten, soweit gesunken ist, dass der Wert $\left(\frac{Z}{G}\right)_{min}$ erreicht ist, für den ja $m = 1$ wird, wird ein weiteres Ansteigen zur Unmöglichkeit.

Es waren in den vorausgegangenen Abschnitten immer die Verhältnisse untersucht, für die Hubleistung oder Transportleistung am günstigsten werden, d. h. Verhältnisse, bei denen

[1]) Darin läge, dass mit der Höhe die Transportleistung der Maschine zunimmt. Es ist aber auch zu beachten, dass, soweit Erfahrungen vorliegen, sich der Benzinverbrauch der Motoren mit der Höhe vergrössert.

m den Wert 1 oder 3 besass. Während es wenig Sinn hätte, m über 3 hinaus zu vergrössern, es sei denn, dass man möglichst geringe Fluggeschwindigkeiten anstrebt, könnte es, um eine möglichst grosse Geschwindigkeit ohne jede Rücksicht auf Ökonomie zu erreichen, wohl angebracht sein, m kleiner als 1 zu machen. Man wird das auch schon deshalb tun, um nicht mit den ungünstigen Verhältnissen, die für m = 1 gelten, kämpfen zu müssen, wenn man nicht auf die grossen Geschwindigkeiten verzichten will, die für m = 1 erreicht werden.

Je kleiner man m wählt, um so grösser wird, bei sonst gleichen Verhältnissen, die Fluggeschwindigkeit werden, bis infolge des zunehmenden Motorgewichts eine Grenze erreicht ist[1]). Es gilt also, die Grenze der erreichbaren Geschwindigkeit festzustellen.

Geht man bei dieser Rechnung summarisch vor, so kann man annehmen, an der Maschine wäre „alles nur Motor", womit $n_2 E = G$ wäre. Andererseits ist $E = Z \cdot v$. Bezeichnet man das Verhältnis von Auftrieb zu Rücktrieb mit c, so erhält man

$$c = \frac{G}{Z} = \frac{E \cdot n_2}{E/v},$$

woraus

$$v = \frac{c}{n_2} \tag{1}$$

sich ergibt. Rechnet man mit $n_2 = 0{,}20$ und $c = 10$, so wäre die äusserste zu erreichende Geschwindigkeit

$$v = 50 \text{ m/sec entsprechend } 180 \text{ km/Stdn.}$$

---

[1]) Die Verkleinerung von m kann auf verschiedene Weise erreicht werden, durch Verkleinerung des Anstellwinkels, durch Verkleinerung der Tragfläche und durch Verringerung der Profilwölbung. Der letzte Weg ist der richtigste, denn der erste Weg ergibt, abgesehen von anderen Übelständen die bei den Steuerungen besprochen werden, schlechte Ausnützung des Schraubenzugs, weil nur ein Anstellwinkel der günstigte sein kann, man also in dieser Hinsicht nicht freie Wahl hat. Der zweite Weg ist gleichfalls nicht günstig, weil mit F auch K, als Quotient aus den toten Widerständen und F verkleinert wird, und es bleibt so als Bestes der dritte Weg, wobei man zwar auch mit hohen Flächenbelastungen und dementsprechend kleinen Flächen rechnen wird, aber nicht in dem Mass, wie wenn man lediglich durch Verkleinerung von F das Ziel zu erreichen sucht

Nun hängt freilich die Rechnung insofern ziemlich in der Luft, als die Schätzungen für $n_2$ und c notwendig sehr willkürlich ausfallen müssen. Mangels jeden brauchbaren Anhalts wird man unwillkürlich so schätzen, dass brauchbare Zahlen herauskommen. Der einzige Anhalt für die Schätzung ist der, dass c für die Tragfläche allein etwa bis zu 20 bei günstigen Formen gesteigert werden kann, man also dann für die ganze Maschine mit etwa der Hälfte dieses Werts rechnen kann, womit dann $m = 1$ wäre (aber auch diese Wahl von m ist einigermassen willkürlich). Ebenso ist $n_2 = 0{,}20$ sehr willkürlich, insofern, als nach früherem mit $n_2 = 0{,}065$ gerechnet werden könnte, wenn es sich tatsächlich nur um das Motorgewicht handeln würde. Es werden aber notwendige sonstige Gewichte hinzukommen.

Etwas sicherer zu schätzen ist man in der Lage, wenn man von Gleichung 39 S. 64 ausgeht. Darnach ist:

$$v = \frac{k_1}{k_2 K} \frac{\sqrt{3\,m}}{m+1} e.$$

Da nun $e = \frac{E}{G}$ und $E\, n_2 = G_m$ ist, kann man auch schreiben

$$e = \frac{G_m}{n_2 G},$$

so dass
$$v = \frac{k_1}{k_2 K} \frac{\sqrt{3\,m}}{m+1} \frac{G_m}{n_2 G} \text{ ist.} \tag{2}$$

Mit $m = 1$ erhält man, soweit m in Frage kommt, die Grösstwerte für $v$, so dass

$$v = \frac{k_1}{k_2 K} \frac{\sqrt{3}}{2} \frac{G_m}{n_2 G}. \tag{3}$$

Nun war früher weiterhin gezeigt worden, dass es am vorteilhaftesten ist, unter der Voraussetzung von $m = 1$, $G_m = 2\, G_f$ zu machen, so dass dann wird

$$v = \frac{k_1}{K \,.\, k_2} \frac{\sqrt{3}}{2} \frac{G_m}{(3\, G_m + G_r + G_n)\, n_2}$$

$$= \frac{k_1}{K \,.\, k_2} \frac{\sqrt{3}}{2} \frac{1}{\left(3 + \frac{G_r + G_n}{G_m}\right) n_2}.$$

Im äussersten Fall wäre jedenfalls $\frac{G_r + G_n}{G_m}$ sehr klein gegen 3, so dass man dann erhielte:

$$v = \frac{k_1}{K \cdot k_2} \frac{\sqrt{3}}{2} \frac{1}{3\,n_2}$$

$$= \sim \frac{1}{3{,}5} \frac{k_1}{K\,k_2 . n_2}. \qquad 4)$$

Mit $k_1 = k_2$ erhält man schliesslich

$$v_{max} = \frac{1}{3{,}5} \frac{1}{K\,n_2}. \qquad 5)$$

Dabei war

$$K = \sqrt{\frac{k_3}{k_2} + \frac{S\,k}{k_2\,F}}.$$

Man wird wie früher für $n_2$ bei heutigen Verhältnissen etwa 0,065 setzen können, so dass, wenn $v = 50$ m/sec $= 180$ km/Stde erreicht werden sollte, $K = v\,0{,}08$ sein müsste.

Demnach wäre:

$$\frac{k_3}{k_2} + \frac{S\,k}{F\,k_2} = 0{,}0064.$$

Da $\frac{k_3}{k_2}$ wohl nicht unter 0,002 kommen wird, müsste $S\,k = 0.0044 . F\,k_2$ sein. Mit $F\,k_2 = 30$ wäre $S\,k = 0{,}13$ m².

Voraussetzung hierfür ist ein sehr günstiger Wert für k, d. h. günstigste Formgebung aller im Wind liegenden Teile.

Könnte $\frac{G_r + G_n}{G_m}$ nicht gegenüber 3 vernachlässigt werden, so müsste $v$ entsprechend kleiner ausfallen. Es wird darauf ankommen, den Motor möglichst gross und das Nutzgewicht möglichst gering zu machen.

Im Gegensatz dazu stünde die Forderung, den Nutzgewichtsanteil am Gesamtgewicht, d. h. $\frac{G_r + G_n}{G}$ möglichst gross zu machen. Man kann dafür nach früherem auch schreiben:

$$g_n = \frac{G_r + G_n}{G} = 1 - \frac{G_f + G_m}{G} = 1 - \frac{F\,n_1 + E\,n_2}{G}.$$

Da nun $G e = E$ andererseits nach Gleichung 38 S. 63

$$e = E^{1/3} \sqrt[3]{\frac{K \cdot k_2^2}{k_1}} \sqrt[3]{\frac{g}{\gamma}} \sqrt[3]{\frac{(m+1)^2}{3m\sqrt{3m}}}$$

ist, so ergibt sich

$$g_n = 1 - \frac{F n_1 + E n_2}{E} \cdot E^{1/3} \frac{K^{1/3} k_2^{2/3}}{k_1^{1/3}} \left(\frac{g}{\gamma}\right)^{1/3} \frac{(m+1)^{2/3}}{(3m\sqrt{3m})^{1/3}}$$

$$= 1 - \frac{n_1 + \varepsilon n_2}{\varepsilon^{2/3}} \cdot \frac{K^{1/3} \cdot k_2^{2/3}}{k_1^{1/3}} \left(\frac{g}{\gamma}\right)^{1/3} \frac{(m+1)^{2/3}}{(3m\sqrt{3m})^{1/3}}. \qquad 6)$$

Der Grösstwert dieses Ausdrucks wird erreicht für

$$\varepsilon = 2\frac{n_1}{n_2}, \qquad 7)$$

womit $$g_n = 1 - n_1^{1/3} n_2^{2/3} \cdot \frac{K_1^{1/3} k_2^{2/3}}{k_1} \left(\frac{g}{\gamma}\right)^{1/3} \cdot \frac{(m+1)^{2/3}}{(3m)^{1/2}}. \qquad 8)$$

Es wird also in erster Linie das Konstruktionsgewicht $n_2$ des Motors den Ausschlag geben und die Grösse von m, während sich der Wert

$$\varepsilon = \frac{E}{F} = 2\frac{n_1}{n_2}$$

nach dem Verhältnis $\frac{n_1}{n_2}$ richten wird. Je grösser das Konstruktionsgewicht $n_1$ der Tragfläche ist, um so mehr mkg Leistung müssen auf 1 $m^2$ Tragfläche entfallen.

Aber auch die Grösse von m wird von beträchtlichem Einfluss sein, und $g_n$ wird um so kleiner ausfallen, je grösser der Ausdruck $\frac{(m+1)^{2/3}}{(3m)^{1/2}}$ wird. Es zeigt sich, wie eigentlich zu erwarten war, dass wiederum $m = 3$ die günstigsten Resultate liefert.

---

# D. Konstruktionsmaterialien.

## Einfluss der Konstruktionsmaterialien auf Gewicht und Widerstände.

Die vorausgehenden Rechnungen lassen den Einfluss von Gewicht und Widerständen der Maschine auf die für den Flug erforderliche Leistung erkennen. Man wird demnach bestrebt sein, das Gewicht des Flugzeugs und die toten Widerstände so klein als möglich zu machen, und es leuchtet ein, dass zum mindesten für das Gewicht von Bedeutung sein wird, einen möglichst leichten und doch festen Baustoff zu verwenden. Dabei wird es aber mit der Festigkeit allein nicht getan sein, es wird auch, wie noch ausgeführt wird, auf die Zähigkeit und Elastizität des Materials ankommen, und vor allem auf die Gleichmässigkeit.

Es ist klar, dass man die einzelnen Teile eines Flugzeugs nicht bis auf ihre Bruchfestigkeit beanspruchen darf, sondern dass man mit einer bestimmten Sicherheit rechnen muss. Man wird z. B. alle Teile so bemessen können, dass sie, ehe sie brechen würden, die zehn- oder die fünffachen der zu erwartenden Gewichte tragen könnten. Die einzelnen Teile würden dann eine fünffache resp. zehnfache Sicherheit, bezogen auf die Normalbelastung, besitzen. Nun zeigt die Untersuchung einzelner Baumaterialien, dass die eine Probe des Materials bei einer Belastung von beispielsweise 3050 kg bricht, während eine andere Probe von gleichen Abmessungen und gleichen Belastungsverhältnissen schon bei 2100 kg Belastung zerstört wird.[1]) Ein solches Material wäre sehr ungleichmässig und da man den einzelnen Stücken nicht ansehen kann, bei welcher Belastung sie brechen würden, müsste für ein solches ungleichmässiges Material notwendig mit einer viel grösseren Sicherheit gerechnet werden, als wenn jede Probe bei annähernd gleicher Belastung gebrochen wäre. Je gleichmässiger ein Material ist, mit einer um so geringeren Sicherheit wird man sich deshalb begnügen können. Es ist demnach eine genaue Kenntnis des verwendeten Baumaterials von grösster Bedeutung.

[1]) Bestimmt man aus einer Reihe solcher Versuche dann die „mittlere Festigkeit“ so kann sie unter Umständen ein ganz falsches Bild von der Güte und Verwendbarkeit des Materials geben. Versuche haben z. B. ergeben Bruchfestigkeiten von 3050, 2100, 2300, 3150, 2500, 2800, 1900 kg bei 7 Versuchen, die mittlere Festigkeit wäre demnach 2543 kg. Würde man mit dieser Festigkeit rechnen, so bliebe immer die Ungewissheit, ob nicht eines der verwendeten Stücke auch schon bei 1800 kg bricht, andererseits wären die Stücke, die 3000 und mehr Kilogramm aushalten, unnötig stark.

Wie die Festigkeitsrechnungen der einzelnen Stücke, je nach der Art ihrer Belastung im Einzelnen auszuführen sind, kann hier nicht ausgeführt werden. Diese Rechnung wird, wie klar, verschieden sein, je nachdem ein solches Stück durch eine Kraft gezogen, gebogen, geknickt oder verdreht wird usw.

Ist P die Kraft, die auf einen Stab wirkt, dessen Querschnitt f, dessen Länge l, dessen Trägheitsmoment J und dessen Widerstandsmoment W ist und sind $K_z$ und $K_b$ die für zulässig erachteten Zug- und Biegungsbeanspruchungen in kg/cm², ist ferner $\alpha$ der Elastizitätskoeffizient des betreffenden Materials, $\gamma$ das spez. Gewicht, G sein Gewicht und c ein Koeffizient, der von der Art des Kraftangriffs an dem Stab, sowie von der Art der Befestigung seiner Enden usw. abhängt, so gilt für einen gezogenen Stab (oder Draht)

$$P = K_z \,.\, f \text{ und } G = f \,.\, l \,.\, \gamma,$$

woraus
$$G = \frac{P}{K_z} \,.\, l \,.\, \gamma.$$

Handelt es sich also um zwei Stäbe aus verschiedenem Material, aber von gleicher Länge und bei gleichen an ihnen angreifenden Kräften, so würden sich ihre Gewichte verhalten wie

$$G_1 : G_2 : = \frac{P \,.\, l \,.\, \gamma_1}{K_{z_1}} : \frac{P \,.\, l \,.\, \gamma_2}{K_{z_2}} = \frac{\gamma_1}{K_{z_1}} : \frac{\gamma_2}{K_{z_2}} \,. \qquad 1)$$

Da Länge und Kräfte für beide Stäbe gleich sind, so könnten sie als Teile irgend welcher Konstruktion gegen einander vertauscht werden, und man könnte aus der vorstehenden Beziehung die prozentuale Gewichtsersparnis ermitteln.

Handelt es sich um Biegungs- oder Knickungsbeanspruchung, so können gleiche Beziehungen aufgestellt werden, sobald man sich über die Querschnittsform des Stabes (ob Kreis-, Kreisring oder elliptischer Querschnitt usw. angewendet werden soll) schlüssig ist.

Für Vollkreisquerschnitt gilt im Fall der Biegung

$$P = c \,.\, \frac{W}{l} \,.\, K_b = c \,\frac{\pi}{32} \frac{d^3 \,.\, K_b}{l},$$

woraus

$$d = \left( Pl \,\frac{32}{\pi} \,\frac{1}{c\,K_b} \right)^{1/3}$$

und $$G = f \,.\, l \,.\, \gamma = \frac{\pi}{4} d^2 \,.\, l \,.\, \gamma = \frac{\pi}{4}\left(Pl \,.\, \frac{32}{\pi}\frac{1}{cK_b}\right)^{2/3} . \, l\gamma.$$

Die Gewichte zweier Stäbe verhalten sich dann unter den gleichen Voraussetzungen wie zuvor, wie

$$G_1 : G_2 = \frac{1}{K_{b_1}^{2/3}}\gamma_1 : \frac{1}{K_{b_2}^{2/3}} \cdot \gamma_2. \qquad 2)$$

Im Falle der Knickung gilt für dieselbe Querschnittsform

$$P = c\frac{J}{l^2 \,.\, \alpha} = c\frac{\pi}{64}\frac{d^4}{l^2 \,.\, \alpha},$$

ferner $$d = \left(\frac{64}{\pi} P \frac{l^2 \,.\, \alpha}{c}\right)^{1/4}$$

und $$G = \frac{\pi}{4}\left(\frac{64}{\pi} P \frac{l^2\alpha}{c}\right)^{1/2} l \,.\, \gamma;$$

darnach ist $$G_1 : G_2 = \alpha_1^{1/2} \,.\, \gamma_1 : \alpha_2^{1/2} \,.\, \gamma_2. \qquad 3)$$

Soll ein Stab aus einem Kreisringquerschnitt hergestellt werden, so wird je nach dem zu verwendenden Material die Wandstärke verschieden ausfallen müssen; handelt es sich z. B. um Bambus, so wird man mit der Wandstärke rechnen müssen, die dieses Rohr von Haus aus aufweist, handelt es sich um ein gebohrtes Holzrohr, so wird man sehr dünne Wände nicht herstellen können, während das bei Metallrohren ohne weiteres möglich ist Wird Holzrohr durch Leimung und Wickelung aus Fournier unter Umständen mit Leinwandzwischenlagen hergestellt, so wird man gleichfalls unter eine gewisse Wandstärke nicht kommen können. Bezeichnet man mit n das Verhältnis von Durchmesesr d zu Wandstärke s, also $n = \frac{d}{s}$, so kann man für J näherungsweise setzen $J = \frac{\pi}{8}\frac{d^4}{n}$, für das Widerstandsmoment $W = \frac{\pi}{4}\frac{d^3}{n}$ für den Querschnitt $f = \pi\frac{d^2}{n}$ vorausgesetzt, dass s klein gegen d ist. Man erhält dann bei Verwendung eines Kreisringquerschnitts für Biegung:

$$P = c\frac{\pi}{4}\frac{d^3}{n}\frac{1}{l}K_b,$$

$$d = \left(\frac{4\,P\,.\,n\,l}{\pi\,.\,c\,K_b}\right)^{1/3}.$$

$$G = \pi \left(\frac{4\,P\,.\,n\,l}{\pi\,.\,c\,K_b}\right)^{2/3} \frac{1}{n}\, l\,.\,\gamma,$$

woraus wie zuvor:

$$G_1 : G_2 = \frac{1}{K_{b_1}^{2/3}\,.\,n_1^{1/3}}\,\gamma_1 : \frac{1}{K_{b_2}^{2/3}\,.\,n_2^{1/3}}\,\gamma_2 \text{ wird.} \qquad 4)$$

Handelt es sich um Knickung, so gilt:

$$P = c\,\frac{J}{l^2\,\alpha} = c\,\frac{\pi}{8}\,\frac{d^4}{n}\,\frac{1}{l^2\,\alpha},$$

$$d = \left(\frac{8}{\pi}\,P\,\frac{l^2\,\alpha}{c}\,n\right)^{1/4},$$

$$G = \pi \left(\frac{8}{\pi}\,P\,\frac{l^2\,\alpha}{c}\,n\right)^{1/2} .\,\frac{l\,\gamma}{n},$$

woraus sich ergibt $G_1 : G_2 = \frac{\alpha_1^{1/2}}{n_1^{1/2}}\,.\,\gamma_1 : \frac{\alpha_2^{1/2}}{n_2^{1/2}}\,\gamma_2.$ $\qquad$ 5)

Ganz ebenso erhält man bei einem Vollellipsenquerschnitt mit dem Achsenverhältnis n : 1, wobei n grösser als 1 ist, für Biegung

$$G_1 : G_2 = n_1\pi \left(\frac{Pl}{c\pi\,.\,K_{b_1}}\,\frac{4}{n_1}\right)^{2/3} l\,.\,\gamma_1 : n_2\pi \left(\frac{Pl}{c\pi\,.\,K_{b_2}}\,\frac{4}{n_2}\right)^{2/3} l\,.\,\gamma_2 =$$

$$\frac{\gamma_1}{K_b^{2/3}}\,n_1^{1/3} : \frac{\gamma_2}{K_{b_2}^{2/3}}\,n_2^{1/3}, \qquad 6)$$

und für Knickung:

$$G_1 : G_2 = n_1\pi \left(\frac{Pl^2\,\alpha_1}{c\,\pi}\,\frac{4}{n_1}\right)^{1/2} .\,l\,.\,\gamma_1 : n_2\pi \left(\frac{Pl^2\,\alpha_2}{\pi}\,\frac{4}{n_2}\right) l\,\gamma_2 =$$

$$\gamma_1\,n_1^{1/2}\,\alpha_1^{1/2} : \gamma_2\,n_2^{1/2}\,\alpha_2^{1/2}. \qquad 7)$$

Will man verschiedene Materalien und verschiedene Querschnittsformen untereinander vergleichen, da ja nicht in jedem Material jede beliebige Querschnittsform herstellbar sein wird, so darf für Vergleich der Gewichte die Kürzung in Zähler und Nenner der Brüche für das Verhältnis $G_1 : G_2$ nicht gleich weit getrieben werden, wie wenn der Vergleich sich auf gleiche Querschnittsformen bezieht, soll der Einfluss der Querschnittsform auf das Gewicht noch zu erkennen sein.

Man erhält so für die Gewichte folgende Verhältniszahlen:

| Vollkreis | Kreisring n > 1 | Vollellipse n > 1 | |
|---|---|---|---|
| $\frac{\gamma}{K_z}$ | $\frac{\gamma}{K_z}$ | $\frac{\gamma}{K_z}$ | Zug |
| $\frac{\gamma}{K_b^{2/3}}$ | $\frac{\gamma}{n^{1/3} . K_b^{2/3}}$ | $\frac{\gamma . n^{1/3}}{K_b^{2/3}}$ | Biegung |
| $2 \alpha^{1/2} . \gamma$ | $8^{1/2} . \alpha^{1/2} . \frac{1}{n^{1/2}} \gamma$ | $2 \alpha^{1/2} n^{1/2} . \gamma$ | Knickung |

Im Folgenden sind diese Verhältniszahlen für Verwendung verschiedener Baustoffe ausgerechnet. Dabei sind für die Holzsorten die Versuchszahlen zugrunde gelegt, die in der Materialprüfungsanstalt der Kgl. Techn. Hochschule in Stuttgart von R. Baumann ermittelt wurden (vergl. Z. d. d. J. 1912 S. 239 und f.). In jenen Fällen, wo starke Schwankungen in den Festigkeitszahlen bemerkt wurden, sind die niedersten Zahlenwerte, also nicht Mittelwerte, eingesetzt. Um einen brauchbaren Vergleich zu ermöglichen, sind bei Hölzern und Aluminium die Bruchfestigkeiten, bei Eisen und Stahl die Festigkeit[1]) an der sogenannten Streckgrenze eingesetzt. Dabei ist freilich angenommen, dass bei allen Materialien mit der gleichen Sicherheit gerechnet werden könnte, worüber Zweifel bestehen könnten, wenn der Vergleich einwandfrei sein soll.

Bei Verwendung von Metall-Rohren wird man in der Wandstärke nicht unter $\frac{1}{50}$ des Durchmessers gehen dürfen, weil sonst infolge örtlich auftretender wellenförmiger Deformationen und unter Umständen infolge exzentrischem Kraftangriff usw. das Rohr nicht diejenige Festigkeit besitzen würde, die es, als Ganzes betrachtet, der Rechnung nach aufweist. Dementsprechend

[1]) Eisen wird, sobald die Belastung der Festigkeit an der Streckgrenze entspricht, lange ehe es bricht, verbogen, und bleibt dann krumm, und ist damit unbrauchbar, während trockenes Holz einfach bricht, ohne dass eine dauernde, auch nach Entfernung der Belastung anhaltende, wesentliche Verbiegung eintreten würde.

ist im folgenden mit $n = \frac{1}{30}$ für Metallrohre gerechnet. Holzrohre dürften aus Herstellungsrücksichten (abgesehen von sehr grossen Durchmessern) unter $n = \frac{1}{7}$ nicht vorkommen. Für Bambus ist als Mittelwert mit $n = \frac{1}{7}$ gerechnet. Für Ellipsen ist mit $n = 3$ gerechnet.

Ferner ist mit folgenden, auf Seite 114 stehenden Festigkeitszahlen gerechnet.

Man erhält damit betreffs der Gewichte die folgenden Verhältniszahlen; im Gewicht verhält sich also ein Konstruktionsteil bestimmter Belastung und Länge zu einem andern, aus anderem Material für den gleichen Zweck hergestellten, wie das die folgenden Zahlen angeben.

1. Zugorgane.

| Eisendraht | Stahldraht | Aluminiumdraht |
|---|---|---|
| 1,95 | 1,56 | 1,19 |

2. Gebogene Teile[1]).

| Material | | Flusseisen | Stahl | Aluminium | Tanne | Buche | Eiche | Esche | Akazie | Hikory | Bambus |
|---|---|---|---|---|---|---|---|---|---|---|---|
| Querschnitt | Kreis | 41 | 31 | 20 | 5,7 | 10 | 10,4 | 7,8 | 8,0 | 8,0 | — |
| | Kreisring | — | 8,6 | 6,7 | — | — | — | — | — | — | 2,5 |
| | Ellipse | 59 | 45 | 29 | 8,3 | 14,6 | 15,0 | 11,3 | 11,6 | 11,6 | — |

[1]) Allerdings können hölzerne Stäbe leichter als wie andere, als Körper gleicher Festigkeit mit veränderlichem Querschnitt d. h. mit Verjüngung nach den Enden zu, ausgeführt werden, wodurch die Zahlen für Hölzer mit Ausnahme von Bambus um etwa 25 % noch geringer werden können.

| | Flusseisen | Stahl[1] | Aluminium | Tanne | Buche | Eiche | Esche | Akazie | Hikory | Bambus[2] |
|---|---|---|---|---|---|---|---|---|---|---|
| $K_z$ | 2 500 | 4 000 | 1 500 | 600 | 1 300 | 500 | 1 300 | 1 200 | 1 800 | 2 000 |
| $K_b$ | 2 500 | 4 000 | 1 500 | 700 | 600 | 750 | 850 | 1 100 | 1 000 | 2 000 |
| $\alpha$ | 1 : 2 100 000 | 1 : 2 200 000 | 1 : 700 000 | 1 : 90 000 | 1 : 170 000 | 1 : 100 000 | 1 : 85 000 | 1 : 170 000 | 1 : 180 000 | 1 : 200 000 |
| $\gamma$ | 7,5 | 7,8 | 2,6 | 0,4 ÷ 0,5 | 0,7 | 0,85 | 0,7 | 0,85 | 0,8 | 0,75 |

| | kalt gezog. Stahlrohr | Stahldraht[1] | Eisendraht | Aluminiumdraht |
|---|---|---|---|---|
| $K_z$ = | 5 000 | 5 000 | 4 000 | 2 300 |
| $K_b$ = | 5 000 | — | — | — |
| $\alpha$ = | 1 : 2 000 000 | — | — | — |
| $\gamma$ = | 7,8 | 7,8 | 7,8 | 2,7 |

[1]) Hier kann es sich nur um Mittelwerte handeln, weil Sorte und Behandlung des Stahls auf diese Zahlen von zu bedeutendem Einfluss sind.

[2]) Bambusrohre von Durchmessern über etwa 2 cm, besitzen geringeres $K_b$ von etwa 700.

3. Geknickte Teile [1]).

| Material | | Flusseisen | Stahl | Aluminium | Tanne | Buche | Eiche | Esche | Akazie | Hikory | Bambus |
|---|---|---|---|---|---|---|---|---|---|---|---|
| Querschnitt | Kreis | 5,2 | 5,3 | 3,1 | 1,5 | 1.6 | 2,7 | 2,4 | 2,05 | 1,90 | — |
| | Kreisring | — | 1,5 | 0,88 | — | — | — | — | — | — | 0,95 |
| | Ellipse | 9 | 9,1 | 5,4 | 2,6 | 2,8 | 4,7 | 4,2 | 3,5 | 3,3 | — |

Die Zusammenstellung zeigt, dass die Hölzer im allgemeinen geringeres Gewicht geben als volle Metallquerschnitte, dass aber Metallrohre ähnliche Werte aufweisen wie volle Holzquerschnitte, das gilt für Biegung. Weitaus die geringsten Gewichte gibt dabei Bambusrohr.

Handelt es sich um Knickbeanspruchung, so sind Metallrohre Holzquerschnitten überlegen und kommen dem Bambusrohr ziemlich gleich. Von den Metallen würde Aluminium am günstigsten sein. Wenn trotzdem Aluminium wenig verwendet wird, so liegt das erstens an seiner unbequemen Verarbeitung, es kann nicht haltbar gelötet oder geschweisst werden, sodann an seiner mangelnden Dehnung und Zähigkeit, — die Folge ist, dass es bei der geringsten Überbeanspruchung bricht oder sich stark verbiegt, — sodann daran, dass es immer von sehr ungleichmässiger Beschaffenheit ist.

Bambusrohr hinwiederum hat den Nachteil, dass seine Abmessungen willkürlich sind und jedes Rohr sich nach der Spitze verjüngt. Es sind also Stäbe mit gleichbleibendem Querschnitt selten und infolge der willkürlichen Abmessungen und z. T. auch unrunden Querschnitte, bietet die Verbindung der einzelnen Stäbe Schwierigkeiten und wird deshalb leicht unsolide.

Auf weitere technische Einzelheiten soll an dieser Stelle nicht näher eingegangen werden.

Soweit Rücksichten auf das Gewicht ausschlaggebend sind, wird für gebogene Stäbe Holz und, wo angängig, Bambus die

[1]) Hier gilt die gleiche Anmerkung wie auf Seite 113.

geringsten Gewichte ergeben, doch würde auch Stahlrohr nicht ungünstig sein, besonders, weil es von gleichmässiger Beschaffenheit ist.

Für geknickte Stäbe ist, abgesehen von Bambus, Stahlrohr das geeignetste Material, dem höchstens Tannenholz als gleichwertig zur Seite gesetzt werden könnte.

Elliptische Querschnitte geben immer grössere Gewichte. Wenn sie bei hölzernen Stäben trotzdem verwendet werden, so geschieht es deshalb, weil die Luftwiderstände für elliptische Querschnitte kleiner werden als für Kreisquerschnitte.

Es ist klar, dass mit dem geringen Gewicht allein nicht alles getan ist, dass vielmehr auch Rücksicht auf den Luftwiderstand zu nehmen ist, sofern die betreffenden Konstruktionsteile im Wind liegen. Es wäre deshalb zu untersuchen, wie sich die Widerstände von den Konstruktionsteilen zueinander verhalten.

Der Luftwiderstand wird abhängen von der Querschnittsform nnd, wenn stets nur Stäbe von gleicher Länge verglichen werden sollen, von der Breite der Stäbe, d. h. von den Abmessungen quer zur Bewegungsrichtung.

Wird der Luftwiderstandskoeffizient mit $k_s$, resp. $k_{s_1}$ für zwei miteinander zu vergleichende Stäbe bezeichnet, so ergeben sich die Breiten der Stäbe quer zur Bewegungsrichtung als die zuvor ermittelten Grössen d. Man hat demnach, wenn $W_1$ resp. $W_2$ die Widerstände bedeutet

1. Für gezogene Konstruktionsteile:

Kreisquerschnitt:

$$W_1 : W_2 = \frac{2}{\pi^{1/2}} \frac{k_{s_1}}{K_{z_1}^{1/2}} : \frac{2}{\pi^{1/2}} \frac{k_{s_2}}{K_{z_2}^{1/2}} = \frac{k_{s_1}}{K_{z_1}^{1/2}} : \frac{k_{s_2}}{K_{z_2}^{1/2}} \qquad 8)$$

Rechtecksquerschnitt, Seitenverhältnis $n > 1$

$$W_1 : W_2 = \frac{1}{n_1^{1/2}} \frac{k_{s_1}}{K_{z_1}^{1/2}} : \frac{1}{n_2^{1/2}} \frac{k_{s_2}}{K_{z_2}^{1/2}} = \frac{k_{s_1}}{K_{z_1}^{1/2}} : \frac{k_{s_2}}{K_{z_2}^{1/2}} \qquad 9)$$

2. Für gebogene Konstruktionsteile:

Kreisquerschnitt:

$$W_1 : W_2 = 2 \frac{k_{s_1}}{K_{b_1}^{1/3}} : 2 \frac{k_{s_2}}{K_{b_2}^{1/3}} = \frac{k_{s_1}}{K_{b_1}^{1/3}} : \frac{k_{s_2}}{K_{b_2}^{1/3}} \qquad 10)$$

Kreisringquerschnitt:

$$W_1 : W_2 = \frac{n_1^{1/3}}{K_{b_1}^{1/3}} \cdot k_{s_1} : \frac{n_2^{1/3}}{K_{b_2}^{1/3}} k_{s_2} \qquad 11)$$

Ellipsenquerschnitt:

$$W_1 : W_2 = 2 \frac{k_{s_1}}{n_1^{1/3} \cdot K_{b_1}^{1/3}} : 2 \frac{k_{s_2}}{n_2^{1/3} \cdot K_{b_2}^{1/3}} = \frac{k_{s_1}}{n_1^{1/3} \cdot K_{b_1}^{1/3}} : \frac{k_{s_2}}{n_2^{1/3} \cdot K_{b_2}^{1/3}} \qquad 12)$$

Dabei sind die Bezeichnungen abgesehen von W und $k_s$ dieselben wie vorher.

3. Für geknickte Konstruktionsteile:

Kreisquerschnitt:

$$W_1 \cdot W_2 = 2\, \alpha_1^{1/4} \cdot k_{s_1} : 2\, \alpha_2^{1/4} \cdot k_{s_2} = \alpha_1^{1/4} \cdot k_{s_1} : \alpha_2^{1/4} k_{s_2} \qquad 13)$$

Kreisringquerschnitt:

$$W_1 : W_2 = 2^{1/4} \cdot \alpha_1^{1/4} n_1^{1/4} k_{s_1} : 2^{1/4} \alpha_2^{1/4} \cdot n_2^{1/4} k_s = \alpha_1^{1/4} \cdot n_1^{1/4} k_{s_1} : \alpha_2^{1/4} \cdot n_2^{1/4} k_{s_2} \qquad 14)$$

Ellipsenquerschnitt:

$$W_1 : W_2 = 2\,\alpha_1^{1/4} \cdot \frac{4^{1/4}}{n_1^{1/4}} \cdot k_{s_1} : 2\,\alpha_2^{1/4} \cdot \frac{4^{1/4}}{n_2^{1/4}} \cdot k_{s_2} = \alpha_1^{1/4} \frac{k_{s_1}}{n_1^{1/4}} : \alpha_2^{1/4} \frac{k_{s_2}}{n_2^{1/4}} \cdot \qquad 15)$$

Damit ergibt sich die Tabelle:

| Rechteck $n > 1$ | Vollkreis | Kreisring $n > 1$ | Ellipse $n > 1$ | |
|---|---|---|---|---|
| $\frac{1}{n^{1/2}} \frac{k_s}{K_z^{1/2}}$ | $\frac{2}{\pi^{1/2}} \frac{k_s}{K_z^{1/2}}$ | — | — | Zug |
| — | $2 \frac{k_s}{K_b^{1/3}}$ | $\frac{n_1^{1/3}}{K_b^{1/3}} k_s$ | $2 \frac{k_s}{n^{1/3} K_b^{1/3}}$ | Biegung |
| — | $2\alpha^{1/4} k_s$ | $2\alpha^{1/4} n^{1/4} k_s$ | $2 \frac{k_s}{n^{1/4}} \alpha^{1/4}$ | Knickung |

Rechnet man entsprechend der Zusammenstellung über Luftwiderstandskoeffizienten für Drähte mit $k_s = 055$, für Rechtecksquerschnitt $k_s = 0{,}6$, für Kreiszylinder mit $k_s = 045$ und schätzungsweise für Ellipsenzylinder mit $^2/_3$ des letzteren

Wertes, so ergibt sich auf sonst gleichen Grundlagen wie für die vorausgegangenen Verhältniszahlen, die folgende Zusammensammenstellung:

1. Zugorgane:

| Material | Eisen | Stahl | Aluminium |
|---|---|---|---|
| Draht . . . . . . . . . | 0,98 | 0,88 | 1,30 |
| Rechtecksquerschnitt n = 10 | 0,30 | 0,27 | 0,4 |

2. Gebogene Teile[1]).

| Material | | Flusseisen | Stahl | Aluminium | Tanne | Buche | Eiche | Esche | Akazie | Hikory | Bambus |
|---|---|---|---|---|---|---|---|---|---|---|---|
| Querschnitt | Kreis | 0,66 | 0,57 | 0,78 | 1,02 | 1,06 | 1,0 | 0,97 | 0,88 | 0,90 | — |
| | Kreisring | — | 0,82 | 1,06 | — | — | — | — | — | — | — |
| | Ellipse | 0,63 | 0,54 | 0,75 | 0,97 | 1,02 | 0,95 | 0,93 | 0,82 | 0,86 | — |

3. Geknickte Teile[1]).

| Material | | Flusseisen | Stahl | Aluminium | Tanne | Buche | Eiche | Esche | Akazie | Hikory | Bambus |
|---|---|---|---|---|---|---|---|---|---|---|---|
| Querschnitt | Kreis | 0,24 | 0,23 | 0,31 | 0,52 | 0,44 | 0,50 | 0,53 | 0,45 | 0,43 | — |
| | Kreisring | — | 0,32 (016) | 0,43 | — | — | — | — | — | — | 0,41 |
| | Ellipse | 0,17 | 0,17 | 0,225 | 0,375 | 0,32 | 0,36 | 0,38 | 0,32 | 0,31 | — |

Für gezogene Teile wäre der Rechtecksquerschnitt, dieser Zusammenstellung nach, wesentlich günstiger wie der Kreis-

[1]) Werden hölzerne Stäbe mit Verjüngung ausgeführt, so werden die Verhältniszahlen um 15 bis 20% für solche Stäbe günstiger.

querschnitt (Stahldraht und Stahlband). Es ist aber wahrscheinlich, dass dieser scheinbare Vorteil deshalb illusorisch ist, weil Metallbänder im Wind sehr stark flattern und auch bei noch so starker Anspannung immer das Bestreben haben, dem Wind ihre Breitseite zuzukehren. Dieses Bestreben kann allerdings durch geeignete Anbringung von Windfahnen teilweise geschwächt, aber nicht ganz verhindert werden. Man nimmt dann aber ein ziemlich phantastisches Aussehen in Kauf.

Für gebogene Teile zeigen sich betr. der Widerstände nunmehr die Metallstäbe den Holzstäben meist überlegen, zum mindesten gleichwertig.

Für geknickte Konstruktionsteile sind gleichfalls Metallstäbe in bezug auf den Luftwiderstand günstiger als Holzstäbe und auch günstiger als Bambus. Es zeigt sich vor allem die grosse Überlegenheit des Stahlrohrs, das ebenso, wie im Fall der Biegung selbst, mit elliptischen Holzstäben in Wettbewerb treten kann. Da für Stahlrohr auch nach dem Vorgang von Breguet u. a. (ein derartiger Vorschlag wurde m. W. zuerst von Skopik gemacht) die Möglichkeit besteht, um dasselbe herum zur weiteren Herabminderung des Luftwiderstandes eine Verkleidung aus dünnem Aluminiumblech, Holzfournier usw. zu legen, wodurch das Gewicht des Stabs je nach seiner Wandstärke nur um 5 bis 10 % vergrössert, der Luftwiderstand aber bei geeigneter Form der Hülle um 50 % verringert werden kann, so ergibt sich eine noch weitergehende Überlegenheit, entsprechend der Klammerzahlen. Dasselbe wäre auch für andere Stäbe möglich.

Die Geschwindigkeit eines Flugzeugs wird nach Früherem um so grösser, je kleiner K siehe Seite 62 wird. K seinerseits entspricht der Wurzel aus den toten Widerständen. Zur Erreichung einer grossen Geschwindigkeit wird man demnach in erster Linie gelangen, durch Verminderung von K. Man wird also, selbst wenn das Gewicht dadurch etwas grösser werden sollte, im extremen Fall verkleidete Stahlrohre zu verwenden haben. Eine solche Konstruktion wird freilich teurer und auch empfindlicher gegenüber Beschädigungen, wie eine Konstruktion aus geeignet geformten Holzstreben.

Es war früher gezeigt worden, dass die erforderliche Flugleistung mit $G^{3/2}$ und proportional dem Widerstand anwächst. Könnte man jeden Stab für sich ausser Zusammenhang mit der übrigen Maschine bewerten, so erhielte man, wenn er im Wind liegt, Verhältniszahlen, die aus der Multiplikation der Verhältniszahlen für die Widerstände mit der $^3/_2$. Potenz der Verhältniszahlen für die Gewichte gewonnen wären. Damit würde aber der Einfluss des Konstruktionsmaterials stark überschätzt, denn man muss auf diejenigen Gewichte, die durch die Wahl des Konstruktionsmaterials nicht beeinflusst werden (Motor, Führer, Fluggast, Räder, Betriebsmittel) ebenso Rücksicht nehmen, wie auf die Widerstände, die unabhängig sind von dem Konstruktionsmaterial für das Flugzeug selbst. Man kann ausgehen von der früheren Gleichung für die Leistung

$$E = C \,.\, G^{3/2} \,.\, K^2 (m + 1)$$

und kann das Gewicht in zwei Teile teilen, von denen der eine durch die Wahl des Konstruktionsmaterials beeinflusst wird, der andere nicht. Dasselbe gilt von $K^2$, wofür man dann besser den ursprünglichen Wert $\frac{k_3}{k_2} + \frac{kS}{k_2 F}$ einführt.

Es setzt sich dann G zusammen aus dem Gewicht G', das unverändert bleibt und dem Gewicht G'', das je nach Wahl des Konstruktionsmaterials veränderlich scheint. Ebenso wird kS in zwei entsprechende Teile k'S' und k'' S'' zerfallen. Damit ergibt sich:

$$E = C \,.\, (G' + G'')^{3/2} (m + 1) \left(\frac{k_3 F + k' S'}{k_2 F} + \frac{k'' S''}{k_2 F}\right)$$

$$= C\, G'^{3/2} \left(1 + \frac{G''}{G'}\right)^{3/2} (m + 1) \frac{k_3 F + k' S'}{k_2 F} \left(1 + \frac{k'' S''}{k_3 F + k' S'}\right).$$

Nun wird $\frac{G''}{G'}$ im allgemeinen eine Zahl *wesentlich* kleiner als 1 sein, desgleichen $\frac{k'' S''}{k_3 F + k' S'}$. Dementsprechend kann man auch schreiben:

$$E = \sim C\, G'^{3/2} (m + 1) \frac{k_3 F + k' S'}{k_2 F} \left(1 + \frac{3\, G''}{2\, G'} + \frac{k'' S''}{k_3 F + k' S'}\right)$$

und je nach Verwendung des Materials 1 oder 2 verhält sich

$$E_1 : E_2 = \left(1 + \frac{3}{2}\frac{G_1''}{G'} + \frac{k_1'' S_1''}{k_3 F + k' S'}\right) : \left(1 + \frac{3}{2}\frac{G_2''}{G'} + \frac{k_2'' S_2''}{k_3 F + k' S'}\right) . \quad 18)$$

Ist $G_1''$ und $k_1'' S_1''$ bekannt, ebenso wie $G'$ und $k_3 F + k' S'$, so kann mit Hilfe der vorstehenden Verhältniszahlen $G_2''$ und $k_2'' S_2''$ gerechnet, und damit die, durch Wahl anderer Querschnittsformen, anderer Konstruktionsmaterialien oder beider gleichzeitig, prozentuale Leistungsänderung bestimmt werden. Streng genommen, müsste dann allerdings die Flächenwölbung, entsprechend den neuen Verhältnissen, gleichfalls geändert werden. Doch ist damit bei der geringen Gesamtänderung eine geringe Änderung des Anstellwinkels gleichwertig.

Ganz in gleicher Weise lässt sich das Verhältnis der Geschwindigkeiten bestimmen aus:

$$v = B \cdot \frac{1}{K} = B\left(\frac{F k_2}{k_3 F + kS}\right)^{1/2} . \quad 19)$$

Man erhält:

$$v_1 : v_2 = \left[1 : \left(1 + \frac{1}{2}\frac{k_1'' S_1''}{k_3 F + k' S'}\right)\right] : \left[1 : \left(1 + \frac{1}{2}\frac{k_2'' S_2''}{k_3 F + k' S'}\right)\right] . \quad 20)$$

Würden z. B. die vertikalen geknickten Tannenholzstreben von elliptischem Querschnitt eines Flugzeugs nach dem Typ der Farman-Doppeldecker ca. 40 kg betragen, gegenüber 640 kg der vollständigen Maschine einschliesslich Besatzung usw., und würde Sk für diese Streben 0,4 m² sein, während die gesamte tote Widerstandsfläche 1,6 qm betragen würde, würde ferner $k_2 F = 60$ m² sein, so erhält man entsprechend den Ausdrücken der Formeln

$$G' = 600\,\text{kg};\ G_1'' = 40\,\text{kg};\ k' S' = 1{,}2\,\text{m}^2;\ k_1'' S_1'' = 0{,}4\,\text{m}^2$$
$$k_3 F = 0{,}2\,\text{m}^2.$$

Würde man diese Holzstreben durch Stahlrohr ersetzen, so zeigen die vorstehenden Tabellen Seite 115, dass die Gewichte von Stahlrohrstreben zu Holzstreben sich verhalten wie 1,5 : 2,6. Dementsprechend würden die Streben aus Stahlrohr hergestellt ein Gewicht $G_2'' = 40\,\frac{1{,}5}{2{,}6} = 23$ kg haben. Ferner erhielt man für die Widerstände die Verhältniszahlen nach S. 118, für Stahlrohr 0,32, für Tannenholz 0,375. Demnach wäre $k_2'' S_2''$

$= 0{,}4 \cdot \frac{0{,}32}{0{,}375} = 0{,}34\ m^2$. Würde man verkleidetes Stahlrohr verwenden, so wäre $G_2''$ etwa 10 % grösser, d. h. $G_2'' = \sim 26$ kg und $k_2'' S_2''$ etwa die Hälfte, d. h. $k_2 S_2'' = 0{,}17\ m^2$. Mit diesen Zahlen ergibt sich für die Leistung

$$\frac{E_1}{E_2} = \frac{\left(1 + \frac{3}{2}\frac{40}{600} + \frac{0{,}4}{0{,}2 + 1{,}2}\right)}{\left(1 + \frac{3}{2}\frac{23}{600} + \frac{0{,}34}{0{,}2 + 1{,}2}\right)} = \frac{1 + 0{,}1 + 0{,}285}{1 + 0{,}057 + 0{,}24} = \frac{1{,}385}{1{,}30}$$

entsprechend 6 % Ersparnis an Leistung.

Im Fall der Verwendung verkleideten Stahlrohrs hätte man erhalten

$$\frac{E_1}{E_2} = \frac{1{,}385}{1{,}185}$$

entsprechend 15 % Ersparnis. Für die Geschwindigkeiten hätte man erhalten:

$$v_1 : v_2 = \left[1 : \left(1 + \frac{1}{2} 0{,}285\right)\right] : \left[1 : \left(1 + \frac{1}{2} \cdot 0{,}24\right)\right] = \frac{1}{1{,}1425} : \frac{1}{1{,}12}$$

d. h. man erhielte einen Geschwindigkeitszuwachs von ungefähr 2 %. Würde man das Stahlrohr verkleiden, so wäre

$$v_1 : v_2 = \frac{1}{1{,}1425} : \frac{1}{1{,}06}.$$

Dem würde also ein Geschwindigkeitszuwachs von 8 % entsprechen.

## Formänderungsarbeit der Konstruktionsmaterialien.

Es könnte nach den Ermittelungen des vorausgegangenen Abschnitts scheinen, als ob Stahlrohr dem Holz weit überlegen wäre und tatsächlich macht sich auch eine Richtung bemerkbar, die mehr und mehr die Holzkonstruktionen durch solche aus Stahlrohr ersetzt. Und doch sprechen auch wieder andere Gesichtspunkte als die zuvor erörterten, für die Verwendung von Holz.

Wird ein Körper durch einen Stoss beansprucht, so hängt der Eintritt der Zerstörung für den Körper davon ab, ob er infolge seiner Abmessungen, Materialeigenschaften sowie seiner konstruktiven Ausbildung in der Lage ist, die durch den Stoss auf ihn übertragene Arbeit in sogenannte Formänderungsarbeit umzusetzen oder nicht.

Unter Formänderungsarbeit ist derjenige Arbeitsaufwand zu verstehen, der nötig ist, um einen Körper um ein gewisses Mass zusammenzudrücken, zu biegen, zu strecken oder zu verdrehen. Die Formänderungsarbeit wächst mit der Grösse der Formänderung, damit wächst auch die Beanspruchung des Körpers, bis er zuletzt bricht. Die Formänderungsarbeit, die ein Körper aufzunehmen in der Lage ist, wird also von seiner Festigkeit abhängen, ferner von seinem Dehnungskoeffizienten, ausserdem aber auch von der Grösse seines Querschnitts oder allgemein von seinen Abmessungen.

Bei einer scharfen Landung eines Flugzeugs, beim Aufschlagen eines Flügels und ähnlichen Unfällen muss, wenn eine ganze oder teilweise Zerstörung des Flugzeugs nicht eintreten soll, die lebendige Kraft des Stosses, mit dem der Unfall verbunden sein wird, als Formänderungsarbeit vom ganzen Flugzeug oder den in Mitleidenschaft gezogenen Teilen desselben aufgenommen werden.

Je nach dem verwendeten Material, den Abmessungen usw. wird demnach ein solcher Stoss Teile der Maschine zerstören oder nicht.

Im schlimmsten Fall wird auch bis zu einem gewissen Grad und unter Umständen die Schwere der Verletzungen, die der Führer bei einem solchen Unfall davonträgt, von der Grösse der Formänderungsarbeit, die das Untergestell oder andere Teile bei ihrem Bruch in sich aufnahmen, abhängen.

Genauere Untersuchungen zeigen, dass die Formänderungsarbeit A folgendem Ausdruck entspricht:

$$A = c \cdot \alpha \cdot K^2 V,$$

worin c ein Koeffizient ist, der von der Art der Belastung abhängt, V das Volumen und K die Beanspruchung bedeutet, wofür also je nach dem einzelnen Fall $K_b$ (Biegung), $K_z$ (Zug) zu setzen wäre. Hat ein Konstruktionsteil die Länge l und den Querschnitt f, so ist sein Volumen f . l. Es kann dann f auf dem gleichen Weg wie früher festgestellt werden. Man erhält dann für V zunächst Verhältniszahlen, die den früher für das Gewicht festgestellten Verhältniszahlen entsprechen und sich von ihnen nur um den Faktor $\frac{1}{\gamma}$ unterscheiden[1]).

1. Gebogene Konstruktionsteile:

| Material | | Flusseisen | Stahl | Aluminium | Tanne | Buche | Eiche | Esche | Akazie | Hikory | Bambus |
|---|---|---|---|---|---|---|---|---|---|---|---|
| Querschnitt | Kreis | 16,6 | 45 | 23 | 63 | 30 | 68 | 95 | 66 | 56 | — |
| | Kreisring | — | 12,6 | 7,5 | — | — | — | — | — | — | 67 |
| | Ellipse | 23,5 | 66 | 33,6 | 92 | 44 | 98 | 138 | 95 | 81 | — |

2. Geknickte Konstruktionsteile:

| Material | | Flusseisen | Stahl | Aluminium | Tanne | Buche | Eiche | Esche | Akazio | Hikory | Bambus |
|---|---|---|---|---|---|---|---|---|---|---|---|
| Querschnitt | Kreis | 2.05 | 7,8 | 3,6 | 16,5 | 4,8 | 18,0 | 29 | 16,8 | 13,4 | — |
| | Kreisring | — | 2,2 | 0,95 | — | — | — | — | — | — | 25,2 |
| | Ellipse | 3,6 | 13,6 | 6,3 | 29,0 | 8,4 | 31 | 51 | 35 | 23 | — |

Die Zahlen der Tabelle 1 sind mit denen der Tabelle 2 nicht vergleichbar. Je grösser die Zahlen, um so grösser ist die Deformationsarbeit bis zum Bruch oder zur bleibenden Verbiegung. Wie man sieht, vermögen die Hölzer weit mehr Arbeit in sich aufzunehmen als die Metalle. Alle Materialien werden von der zähen Esche übertroffen.

---

[1]) Würde man die Grösse des Stosses proportional dem Gewicht des Konstruktionsteils setzen, so würde der Faktor $\frac{1}{\gamma}$ in Wegfall kommen. Die Grösse des Stosses hängt aber im Allgemeinen in höherem Mass von der Geschwindigkeit und dem Gewicht der übrigen Teile ab.

Bei Beurteilung der Tabellen darf aber die Art, wie die Zahlen gewonnen sind, dürfen also die Voraussetzungen der Tabelle nicht ausser Acht gelassen werden. Sie stellen demnach nicht die Verhältnisse der Formänderungsarbeiten der Materialien bezogen auf die Raumeinheit dar, dafür würden sich andere Zahlen ergeben, sondern die Formänderungsarbeit von Konstruktionsteilen, die alle so bemessen sind, dass sie dieselbe Kraft bei gleicher Sicherheit zu übertragen in der Lage sind.

Eine Maschine, die aus Tannenholz hergestellt ist, könnte deshalb einen beinahe 8 resp. 15 mal so starken Stoss aushalten im Vergleich mit einer solchen aus Stahlrohr. Die eine würde ganz bleiben, während die andere nach allen Richtungen verbogen wäre (dabei muss aber bemerkt werden, dass die Formänderungsarbeit, die Stahlrohr in sich aufnehmen kann, bis es bricht wie das Holz, hinwiederum viel grösser ist als für letzteres)[1]. Es hat also die Verwendung von Holz, abgesehen von anderen technischen Gründen, auf die noch eingegangen wird, auch eine gewisse Berechtigung.

Es wäre aber unrichtig, daraus zu schliessen, dass die Verwendung von Metallen unzweckmässig wäre. Es folgt für den Ingenieur hieraus nur, dass er darauf sinnen muss, die Übelstände, die mit der Verwendung von Metall verbunden sind, durch entsprechende Vorrichtungen und Konstruktionen zu mildern oder zu beseitigen. Zum Teil wird das durch eine weitgehende Federung des Ganzen oder seiner Teile erreicht.

[1]) Rechnet man mit einer vollständigen oder teilweisen Zerstörung der Maschine, so liegen also die Verhältnisse anders. In dem Augenblick, wo die Holzkonstruktion bricht, ist ihre Arbeitsaufnahmefähigkeit erschöpft; was an lebendiger Kraft noch nicht verzehrt ist, kann von der Maschine nicht mehr aufgenommen werden. Das kann natürlich für den Führer verhängnisvoll werden, denn, um in der technischen Ausdrucksweise zu bleiben, die noch im Führer vorhandene lebendige Kraft wird nunmehr nur durch Formänderungsarbeit am Körper des Führers selbst aufgenommen werden können. Eine Maschine aus Stahl kann unter gleichen Umständen den zehnfachen Betrag an Formänderungsarbeit in sich aufnehmen. Es muss aber dafür gesorgt sein, dass, soweit möglich ist, der Führer nicht durch gebogene und zertrümmerte Teile eingeklemmt und eingequetscht werden kann. Unter solchen Umständen würde also dann eine Konstruktion aus Stahl eine grössere Sicherheit bieten.

# E. Schraube, Motor, Flugzeug.

## Zusammenarbeiten von Schraube und Motor.

Es soll an dieser Stelle nicht die Theorie der Luftschraube gebracht werden, da die Luftschraube in einem anderen Band dieser Sammlung ausführlich behandelt wird.

Die Wirkung der Luftschraube beruht darauf, dass von ihr Luft angesaugt und nach rückwärts beschleunigt wird. Der Rückdruck der Luft entspricht dem Schraubenzug. Wir haben also einen Vorgang vor uns, wie er schon auf Seite 47 u. f. beschrieben ist. Je grösser die Beschleunigung, um so grösser wird der Zug der Schraube sein, noch weit rascher steigt aber der Leistungsaufwand, weshalb sich empfiehlt, wie schon früher ausgeführt wurde, möglichst grossen Luftmassen eine möglichst kleine Beschleunigung zu erteilen, d. h. also, möglichst grosse Schraubendurchmesser zu verwenden, weil der von der Schraube beschriebenen Kreisfläche proportional die beschleunigte Luftmasse sein wird.

Andererseits wird die Beschleunigung, die der Luft erteilt wird, um so grösser, je rascher sich die Schraube dreht und je steiler ihre Flügel stehen, d. h. je grösser die Steigung der Schraube ist. Die Ausnützung der der Schraube zugeführten Energie wird also innerhalb gewisser Grenzen um so besser, je geringer die Steigung und je geringer die Drehzahl der Schraube ist.

Andererseits kann der Flügel einer Schraube auch angesehen werden als eine durch die Luft bewegte Fläche, die sich aber im Gegensatz zu den bisher besprochenen Flächen auf einer Kreisbahn bewegt. Wie sich für Flächen, die geradeaus bewegt werden, ergeben hatte, dass bei bestimmten Verhältnissen eine bestimmte Flächenwölbung und ein bestimmter Anstellwinkel die günstigsten Ergebnisse ergibt, so wird Ähnliches auch für die Luftschraube gelten. Daraus würde folgen, dass zwar eine kleine Steigung im allgemeinen vorteilhafter als eine grosse ist, dass es hier aber eine Grenze geben wird, unter die man nicht gehen darf, wenn sich das Ergebnis nicht wieder verschlechtern soll.

Nun sind die Verhältnisse für die Luftschrauben, abgesehen von der Drehbewegung, auch insofern noch verwickelter als für die Tragflächen von Flugzeugen, als zwei Bewegungen gleichzeitig vor sich gehen. Erstens bewegt sich die Luftschraube im Kreis, zweitens schreitet sie in Richtung ihrer Achse vorwärts. Wäre der Steigungswinkel eines Schraubenblatts an einer bestimmten Stelle $45^0$ und an dieser Stelle die Geschwindigkeit auf der Kreisbahn ebenso gross wie die Vorwärtsbewegungsgeschwindigkeit in der Achsenrichtung, so würde die Luft unter einer Relativgeschwindigkeit von $45^0$ auf das Schraubenblatt treffen, der Anstellwinkel des Schraubenblatts wäre $o^0$. Daraus folgt ohne weiteres, dass die Grösse der Steigung, die einer Schraube zu geben ist, nicht allein durch die Forderung guter Leistungsausnützung festgelegt ist, sondern auch abhängig ist von der Geschwindigkeit, mit der sie sich vorwärts bewegt, oder besser, von dem Verhältnis ihrer Vorwärtsgeschwindigkeit und ihrer Umfangsgeschwindigkeit. Unter sonst gleichen Verhältnissen wird die Steigung um so grösser sein müssen, je grösser die Vorwärtgeschwindigkeit der Schraube und damit die des Flugzeugs ist.

Hat eine Schraube, die für eine bestimmte Fluggeschwindigkeit und eine bestimmte Drehzahl entworfen ist, eine dieser Geschwindigkeit und Drehzahl entsprechende Steigung, so wird der Anstellwinkel des Schraubenblatts unter diesen Verhältnissen eine Grösse haben, die die bei den sonstigen gegebenen Verhältnissen beste Leistungsausnützung erwarten lässt, vorausgesetzt, dass eine gute Konstruktion vorliegt. Steht nun diese Schraube still, so wird nach dem Gesagten zu folgern sein, dass der Anstellwinkel des Schraubenblattes relativ zur Luft grösser ist. Daraus folgt, dass die Luft stärker nach rückwärts beschleunigt wird, als wenn die Schraube sich vorwärts bewegen würde — vorausgesetzt, dass die Drehzahl der Schraube in beiden Fällen dieselbe wäre — und daraus müsste zunächst folgen, dass der Schraubenzug im Stand grösser ist, als wenn sich die Schraube vorwärts bewegt. Die Ausnützung der Leistung müsste aber notwendig schlechter sein, weil die Luftbeschleunigung grösser ist.

Die Ausnützung wird dann mit zunehmender Geschwindigkeit besser, der Anstellwinkel des Schraubenblattes relativ zur Luft kleiner, der Schraubenzug aber gleichfalls kleiner, immer eine gleichbleibende Drehzahl der Schraube vorausgesetzt, bis die Geschwindigkeit, für die die Schraube entworfen ist, erreicht wird. Von diesem Augenblick an wird unter weiterer Abnahme des Schraubenzugs die Leistungsausnützung schlechter, weil nunmehr der günstigste Anstellwinkel unterschritten wird. Das wird solange fortgehen, bis der Anstellwinkel Null oder bei gewölbten Schraubenflächen ein negativer Anstellwinkel erreicht ist, bei dem der Schraubenzug den Wert Null erreicht. Damit ist dann die Leistungsausnützung gleichfalls Null geworden.

Es war vorausgesetzt, dass die Drehzahl der Schraube bei dem ganzen Vorgang sich nicht geändert habe. Um die Schraube zu drehen, ist ein Drehmoment auszuüben. Dieses Drehmoment wird um so grösser sein, je grösser der Anstellwinkel des Schraubenblatts relativ zur Luft ist. Also wird bei dem ganzen Vorgang ebenso wie der Schraubenzug auch das Drehmoment, das vom antreibenden Motor zu überwinden war, ständig kleiner geworden sein. Es wäre im Stand am grössten gewesen und hätte auf einen Kleinstwert, der aber jedenfalls infolge sicher vorhandener toter Widerstände nicht Null wäre, abgenommen, als der Schraubenzug Null erreicht war.

Der Vorgang würde sich also in der angegebenen Weise nur bei einer entsprechenden Regulierung des Motors haben abspielen können. Es ist klar, dass dabei die Leistung des Motors, die dem Produkt Drehzahl mal Drehmoment proportional ist, ständig abgenommen haben müsste, also jedenfalls bei der von vornherein beabsichtigten Fluggeschwindigkeit kleiner gewesen ist, als zu Anfang. Das wäre natürlich unzweckmässig.

In Wirklichkeit wird sich also der Vorgang anders abspielen müssen. Der Motor wird immer mit derjenigen Drehzahl laufen, die er unter dem Widerstand der Schraube erreichen kann, solange er nicht reguliert wird. Er wird demnach, wenn die Schraubenkraft bei der Vorwärtsbewegung abnimmt, schneller laufen. Dadurch wird der Schraubenzug wiederum nicht in dem Mass abnehmen, als nach dem Vorausgegangenen zu erwarten wäre. Diese Verhältnisse sollen im Folgenden näher untersucht werden.

Zuvor muss aber auf die Luftschraube selbst etwas näher eingegangen werden. Die Luftschraube, die in Figur 24 dargestellt ist, drehe sich in der Richtung des Pfeils mit der Winkelgeschwindigkeit $\omega$. Dann wird ein Schraubenelement im Abstand $r_2$ von der Drehachse die Umfangsgeschwindigkeit $u_2 = r_2 . \omega$, im Abstand $r_1$ die Umfangsgeschwindigkeit $u_1 = r_1 . \omega$ vorhanden sein. Das heisst also, die Umfangsgeschwindigkeiten an bestimmten Stellen sind proportional den Abständen dieser Stellen vom Mittelpunkt, sie können deshalb, wie das in der Zeichnung geschehen, durch die Radien selbst in irgend einem Massstab dargestellt werden. Bewegt sich nun die Schraube gleichzeitig vorwärts, so muss für jedes Element der Schraube die dort vorhandene Umfangsgeschwindigkeit mit der Vorwärtsgeschwindigkeit v zu einer Relativgeschwindigkeit w der Luft gegenüber dem betreffenden Schraubenelement zusammengesetzt werden. Man erhält so die Relativgeschwindigkeiten $w_1$ resp. $w_2$. Ist andererseits die Schraube als reine Schraubenfläche geformt, hat sie also konstante Steigung S, so wird die Neigung jedes Streifens b der Schraube gegenüber der Achse dadurch aufgefunden werden können, dass man ein rechtwinkliges Dreieck zeichnet, dessen eine Kathete S, dessen andere Kathete r ist. Diese Neigungen sind für die Radien $r_1$ und $r_2$ gezeichnet. Man erhält so für jedes Schraubenelement zwei rechtwinklige Dreiecke, von denen das eine die Bewegungsrichtung und Geschwindigkeit der Luft gegenüber dem betreffenden Element, das andere die Neigung $\alpha_1$ resp. $\alpha_2$ des Elements selbst darstellt. Die Differenz $\varepsilon_1$ resp. $\varepsilon_2$ derjenigen Winkel der Dreiecke, die mit dem Scheitel zusammenfallen, ergibt dann notwendig den Winkel, unter dem die Luft auf das betreffende Schraubenelement trifft. Die Figur I zeigt deutlich, dass, wenn S konstant ist, die Winkel $\varepsilon$ nach einer bestimmten Gesetzmässigkeit veränderlich werden; daraus folgt, dass, wenn man $\varepsilon$ konstant halten möchte, S veränderlich sein müsste. Dasselbe müsste auch der Fall sein, wenn $\varepsilon$ nach einem anderen Gesetz veränderlich sein sollte, als wie es durch ein gleich-

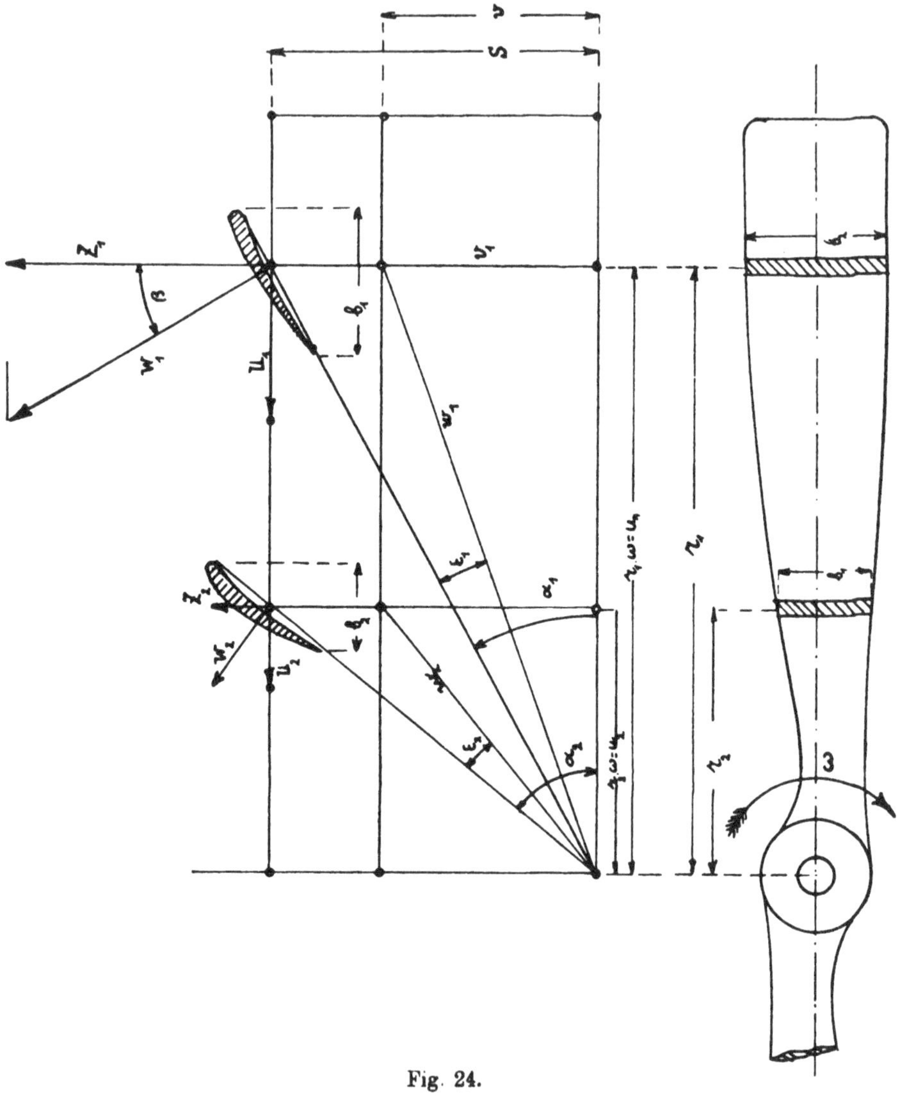

Fig. 24.

bleibendes S gegeben ist. Das ist einer der Punkte, in denen sich verschiedene Schraubenkonstruktionen unterscheiden. Da nicht beabsichtigt ist, hier eine Besprechung der verschiedenen Schraubenarten zu geben, soll auf diesen Punkt nicht eingegangen werden, es soll vielmehr angenommen werden, dass es sich um eine reine Schraubenfläche mit gleichbleibender Steigung handle. Ebenso werde vorausgesetzt, dass die Breite des Schraubenblatts konstant sei. Tatsächlich wird man sich ja auch Vorteile versprechen können entweder rein konstruktiver Natur oder in Rücksicht auf die Güte der Schraube, wenn man die Breite in der einen oder anderen Richtung veränderlich macht. Schliesslich

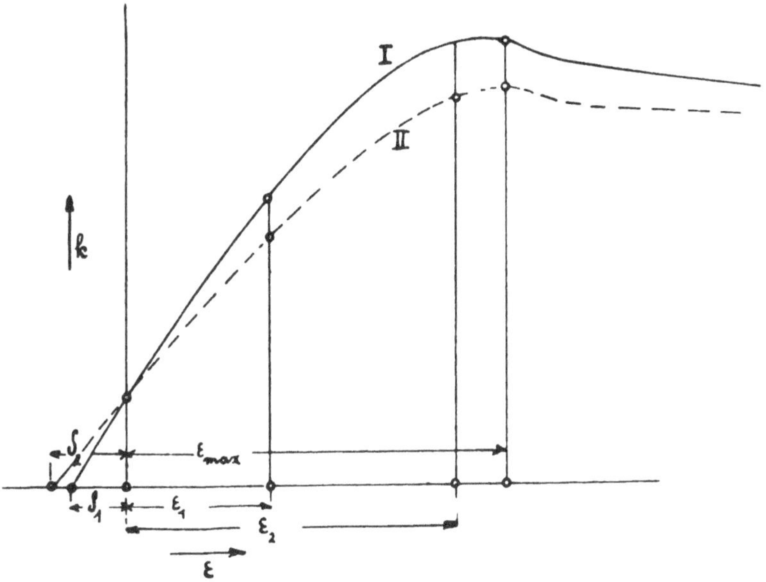


Fig. 25.

werde angenommen, jedes Element besitze denselben Querschnitt. Das wird zwar praktisch kaum durchführbar sein, die Querschnitte werden vielmehr aus Festigkeitsrücksichten nach der Achse zu dicker werden müssen, wie das auch in den beiden gezeichneten Querschnitten zum Ausdruck gebracht ist, aber es sollen die folgenden Betrachtungen nicht durch zu viele Einzelheiten und Rücksichtnahme auf Einzelheiten beschwert werden. Eine solche Rücksichtnahme wäre nur am Platz, wenn es sich um eine ausführlichere Behandlung des Gegenstands handeln würde.

Wenn die Luft unter einem Winkel $\varepsilon_1$ mit der Geschwindigkeit $w_1$ auf das Schraubenelement von der Breite $b_1$ trifft, so wird der auf dieses Element geäusserte Luftwiderstand $W_1$ jedenfalls proportional $w_1^2$ und ausserdem abhängig von $\varepsilon$ sein. Würde die Kurve I Fig. 25 die Abhängigkeit des Luftwiderstands vom Winkel $\varepsilon$ für dieses Element darstellen, so könnte weiterhin gesagt werden, dieser Luftwiderstand sei ausserdem proportional k. Nimmt man aber weiterhin an, dass für jedes Element in dieser Hinsicht Gesetze gelten, die denen für gewölbte Flächen nach Art der Tragflächen entsprechen, wie das tatsächlich der Fall ist, so wird man auch sagen können, der Widerstand $W_1$ ist auch proportional $\varepsilon_1 + \delta_1$ (würde ein anderes Element, z. B. $b_2$ einen anderen Querschnitt haben als $b_1$, so würde für diesen Querschnitt eine andere Kurve, z. B. die Kurve II, zu gelten haben, und es könnte so auch der Veränderlichkeit des Querschnitts Rechnung getragen werden). Damit ist man in der Lage, in einem willkürlichen Massstab für jedes Element die Kräfte W zu bestimmen als Grössen, die $w_1^2$ und $\varepsilon_1 + \delta_1$ proportional sind. Der Luftwiderstand jeden Elements wird dann in zwei Kräfte zerlegt werden können, von denen die eine, Z, in die Richtung von v, die andere, U, in die Richtung von u fällt. Die Kräfte Z ergeben dann zusammen den Schraubenzug, die Kräfte U die vom Motor zu überwindenden Umfangskräfte. Um diese Zerlegung vornehmen zu können, muss die Richtung von W bekannt sein. Es ist im Folgenden angenommen, dass W auf der Sehne an die Wölbung des Profils, d. h. auf dem freien Schenkel der Winkel $\alpha$, senkrecht stehe. Auch das wird nicht allgemein richtig sein, sondern von der Querschnittsform und der Grösse von $\varepsilon$ abhängen und es könnte diesem Umstand gleichfalls entsprechend Rechnung getragen werden[1]).

Man kann demnach in willkürlichem Massstab für eine Anzahl von Schraubenblattelementen nach einer Annahme betreffs

---

[1]) Wäre die Schraubenblattbreite veränderlich, so müsste weiterhin W auch noch proportional b gesetzt werden.

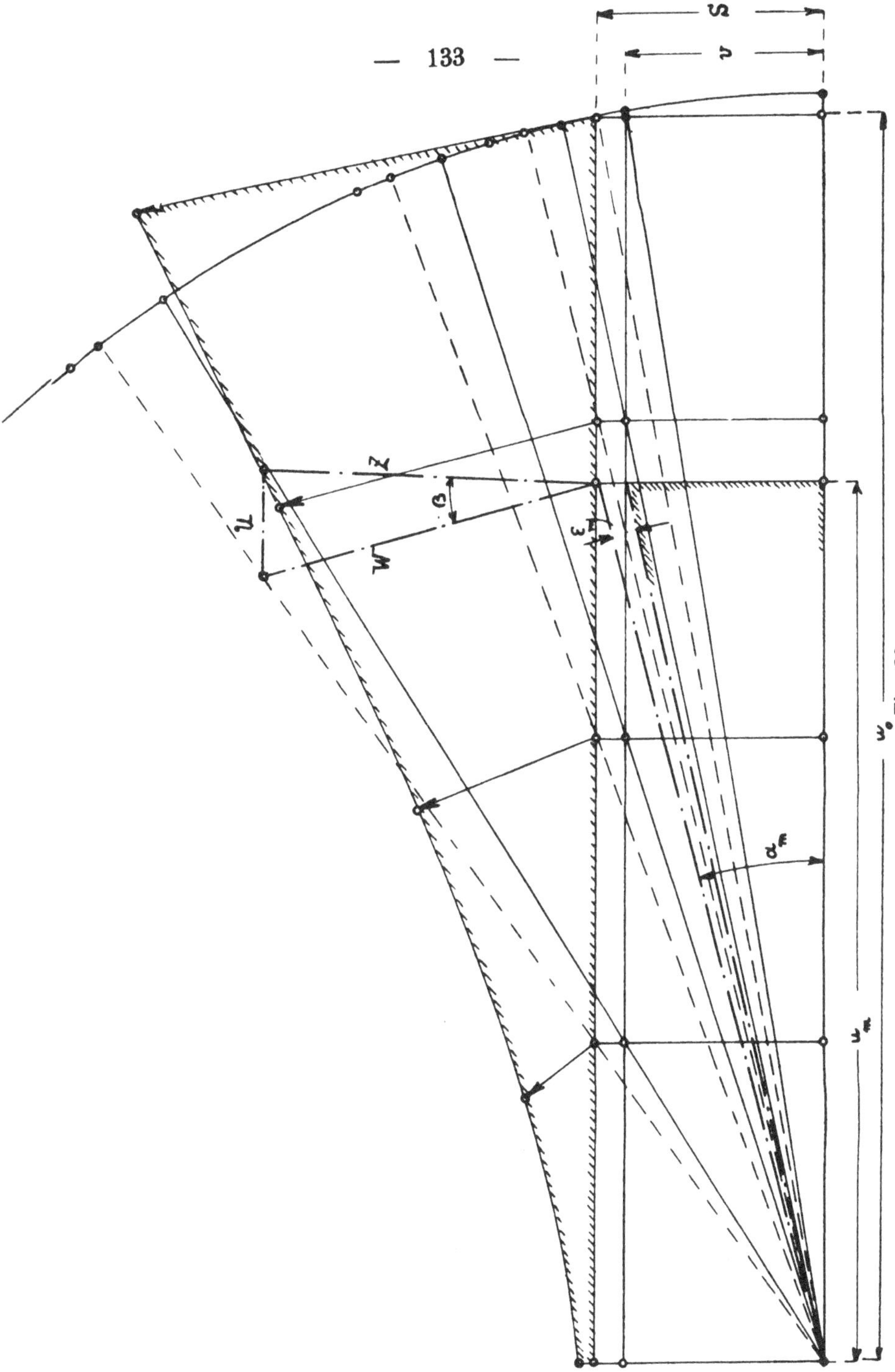


Fig. 26.

u und v die Kräfte W der Grösse und Richtung nach auftragen, indem man jeweils die Produkte $(\varepsilon + \delta)\,w^2$ bildet.

Das ist in Fig. 26 geschehen für vier Elemente in je einem der Viertel des Schraubenblatts. Diese Kräfte sind an den entsprechenden Stellen nach Grösse und Richtung aufgezeichnet. Die Kräfte für dazwischen liegende Elemente werden dann mit ihren freien Enden jedenfalls auf der Kurve liegen, die die Enden der gezeichneten Kräfte verbindet, und werden in ihrer

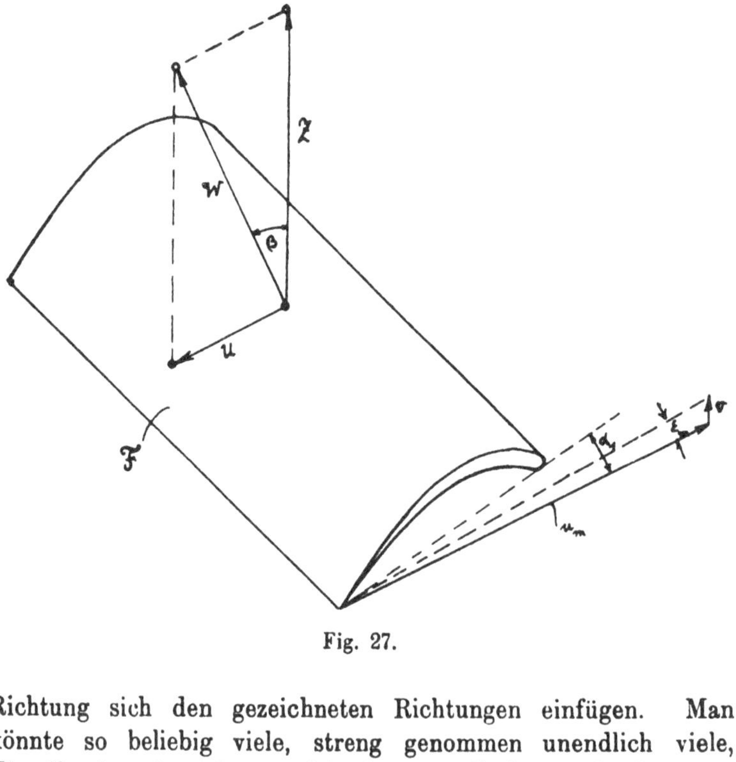


Fig. 27.

Richtung sich den gezeichneten Richtungen einfügen. Man könnte so beliebig viele, streng genommen unendlich viele, Einzelkräfte einzeichnen. Die Summe all dieser Kräfte wäre jedenfalls die auf das Schraubenblatt geäusserte Gesamtkraft und würde andererseits ihrer Grösse nach ungefähr durch die schraffierte Fläche dargestellt. Der Flächeninhalt der Fläche entspricht demnach ungefähr der Gesamtkraft, die durch den

Luftwiderstand auf das Schraubenblatt ausgeübt wird[1]). Der Angriffspunkt dieser Gesamtkraft geht dann notwendig durch den Schwerpunkt der schraffierten Fläche und seine Richtung entspricht der an dieser Stelle herrschenden mittleren Richtung der Einzelkräfte. Man ist damit in der Lage, die Gesamtkraft W einzuzeichnen und in die Kräfte Z und U zu zerlegen. In Fig. 26 gehört dann zu der Kraft W ihrer Lage nach eine ganz bestimmte Blattneigung vom Winkel $\alpha_m$, eine Geschwindigkeit $u_m$ und dementsprechend ein bestimmter Einfallwinkel $\varepsilon_m$. Das heisst also, man könnte sich die Wirkung des Schraubenblatts ersetzt denken durch die Wirkung einer Fläche F, Fig. 27 S. 134, die sich mit einer $u_m$ entsprechenden Geschwindigkeit senkrecht zur Schraubenachse A bewegt, dabei den Widerstand U überwindet und gleichzeitig mit der Geschwindigkeit $v$ parallel zur Schraubenachse A, wobei in Richtung der Schraubenachse die Kraft Z geäussert wird. Für die Bewegung der Fläche senkrecht zur Schraubenachse ist dann die Leistung $U \cdot u_m$ aufzuwenden und es wird an das Flugzeug durch Vermittelung der Schraubenachse die Leistung $Z \cdot v$ abgegeben. Der Wirkungsgrad $\eta$ der Schraube ist demnach gegeben durch

$$\eta = \frac{Z \cdot v}{U \cdot u}.$$

Aus Fig. 26 folgt, dass

$$\frac{U}{Z} = \operatorname{tg} \beta \qquad 1)$$

und

$$\frac{v}{u} = \operatorname{tg} (\alpha_m - \varepsilon_m) \qquad 2)$$

ist, womit man erhält

$$\eta = \frac{\operatorname{tg} (\alpha_m - \varepsilon_m)}{\operatorname{tg} \beta}, \qquad 3)$$

---

[1]) Ein genaues Resultat würde man erhalten, wenn man jede der Kräfte W nach Z und U zerlegt, und so eine Fläche für die Kräfte Z und eine zweite für die Kräfte U erhielte. Dem Inhalt der Flächen Z und U proportional sind dann die Werte $\Sigma Z$ und $\Sigma U$; diese kann man durch Einzelkräfte, die durch den Schwerpunkt der Flächen gehen, ersetzen und dann zu einer Resultierenden zusammensetzen.

wobei im vorliegenden vereinfachten Fall $\beta = \alpha_m$ ist, so dass dann wäre

$$\eta = \frac{\operatorname{tg}(\alpha_m - \varepsilon_m)}{\operatorname{tg}\alpha_m}. \qquad 4)$$

Es käme also darauf an, $\operatorname{tg}\beta$ möglichst klein und $\operatorname{tg}(\alpha_m - \varepsilon_m)$ möglichst gross zu erhalten oder auch $\varepsilon_m$ möglichst klein.

Aus der Entstehung der Fig. 26 geht hervor, dass zur Erreichung eines bestimmten Wirkungsgrads die absolute Grösse von $v$ und u gleichgültig ist, wie ja eine bestimmte zahlenmässige Grösse von u und $v$ gar nicht angegeben wurde, mit anderen Worten, die Fig. 26 würde gleich ausfallen, wie auch der Massstab der Figur wäre. Es kommt also nur auf das Verhältnis von $v$ zu u an. Ändert man dieses Verhältnis, wie das in Fig. 29 und dann in Fig. 30 geschehen ist, wobei die Schraubensteigung S natürlich beibehalten wurde, da die Untersuchung für dieselbe Schraube gelten soll, so werden, wenn $v$ im Verhältnis zu u kleiner ist, die Winkel $\alpha$ kleiner und damit die Winkel $\varepsilon$ grösser. Mit abnehmender Geschwindigkeit $v$ werden demnach die auf jedes Schraubenelement geäusserten Kräfte entsprechend der Zunahme von $\varepsilon$ proportional $\varepsilon + \delta$ grösser. (Diese Winkel $\varepsilon + \delta$ sind sowohl in Fig. 26 wie in Fig. 29 auf dem Kreisbogen markiert.) Ausserdem werden aber die Geschwindigkeiten w kleiner und es werden wiederum Kräfte W proportional $w^2$ und proportional $\varepsilon + \delta$ sein, solange $\varepsilon$ entsprechend Fig. 25 nicht die Grösse $\varepsilon_{max}$ erreicht hat, von wo an eine Vergrösserung von $\varepsilon$ keine Vergrösserung von W mehr zur Folge hätte. Von diesem Punkt an wäre W proportional $w^2 . \varepsilon_{max}$. Nun zeigt die Aufzeichnung nach Fig. 29 und 30, dass dieser Winkel $\varepsilon_{max}$ zuerst von den Schraubenblattelementen bei abnehmendem $v$ erreicht wird, die der Achse am nächsten liegen. Dementsprechend nehmen dort die Kräfte W verhältnismässig wenig zu oder unter Berücksichtigung der Abnahme von w, die mit Annäherung an die Nabe gleichfalls verhältnismässig gross ist, gar ab, während die Kräfte w am äusseren Ende des Schraubenblatts trotz der Verminderung von w zunehmen. Damit erhält die schraffierte Fläche, Fig. 26, die ja die Summe der Einzelkräfte darstellen sollte, ein anderes Aussehen. Ihr Schwer-

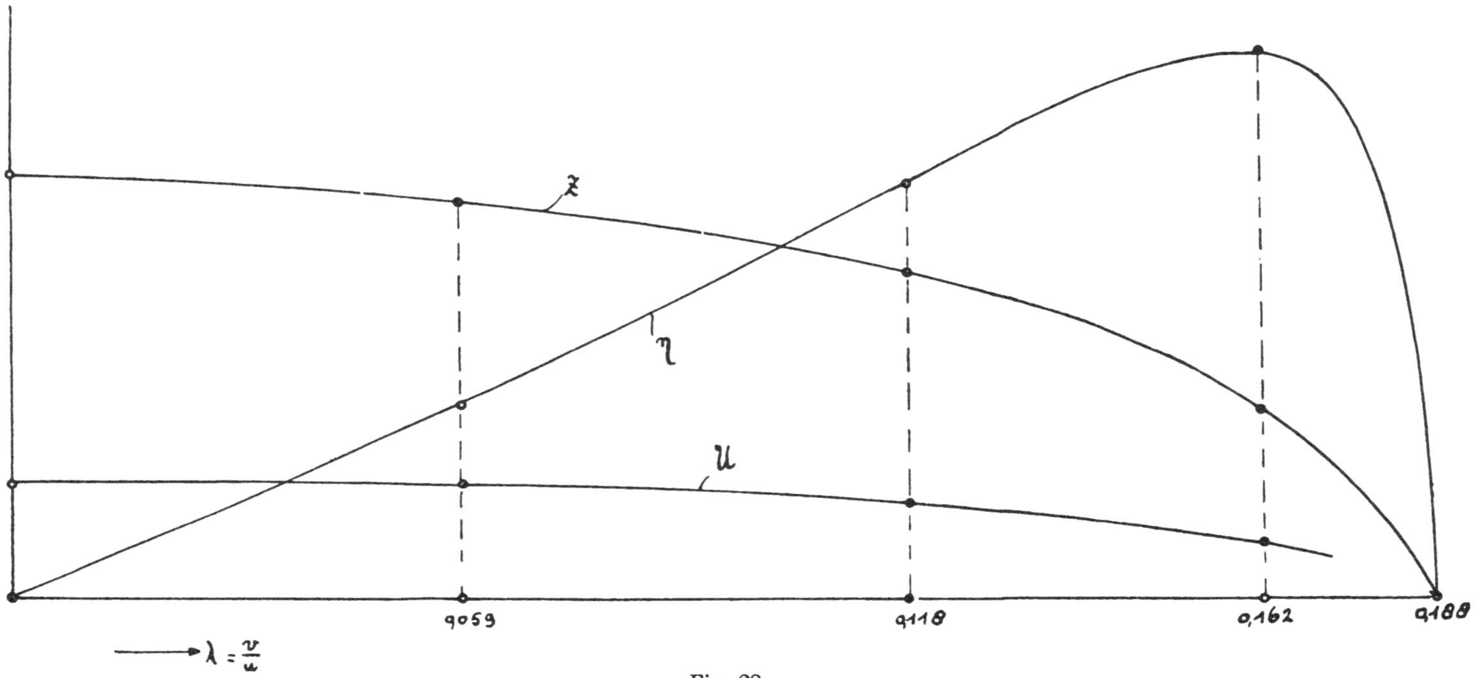


Fig. 28.

punkt und damit der Angriffspunkt von W rücken weiter von der Nabe ab nach dem Rand des Schraubenblatts zu. Damit wird $\beta$ und $\alpha_m$ kleiner, $\varepsilon_m$ und $u_m$ grösser. Es ergibt sich demnach für $\eta$ ein anderer Wert, ebenso aber auch für U und Z. Im allgemeinen werden U und Z um so grösser, $\eta$ um so kleiner, je kleiner $v$ im Verhältnis zu u wird. Andererseits wird in dem Augenblick, wo $v$ um einen gewissen Betrag die Steigung S überschreitet, $\varepsilon + \delta = 0$, womit Z und W gleich Null werden, ausserdem aber auch $\eta$ gleich

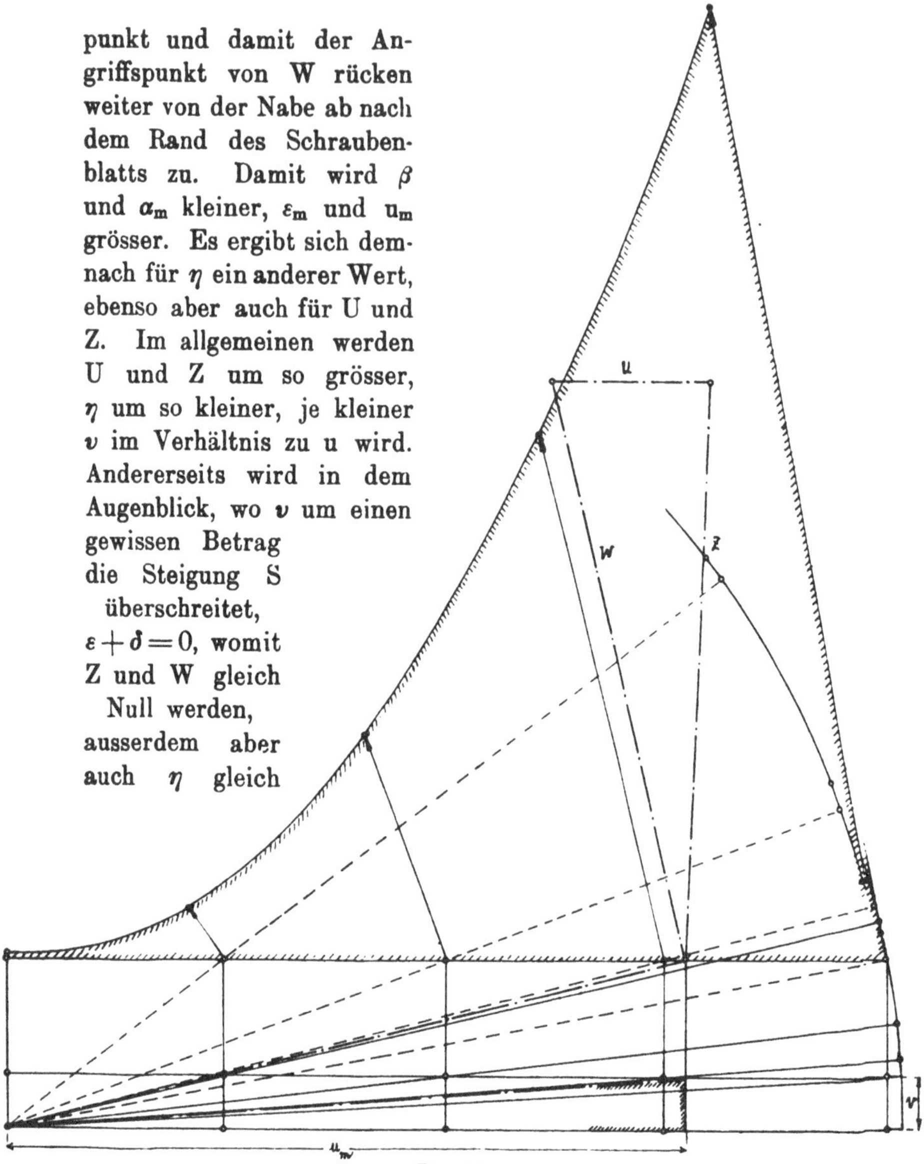


Fig. 29.

Null wird. Während also Z und U von einem Maximalwert für $v = 0$ auf Null ständig abnehmen, ändert sich $\eta$ in demselben

Spielraum von Null auf Null, dazwischen muss ein Maximalwert für $\eta$ liegen, der im allgemeinen näher bei $Z = 0$ als bei $Z_{max}$ liegt, da er nach dem Gesagten jedenfalls für kleine Werte von $\varepsilon_m$ erreicht wird.

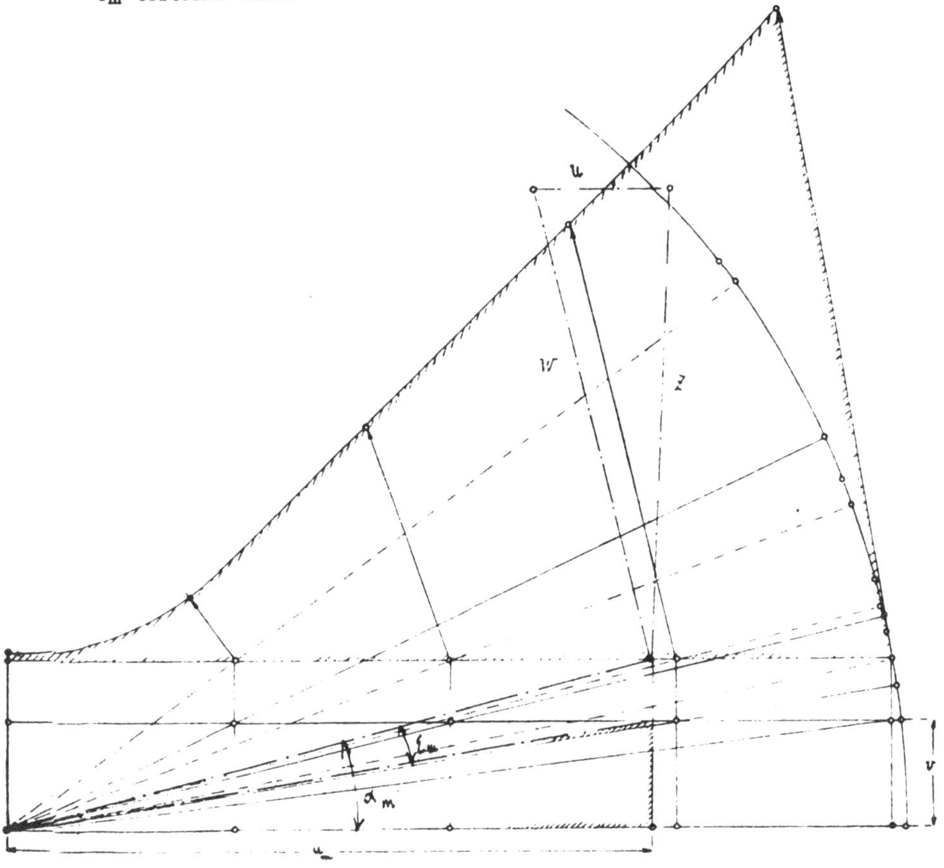


Fig. 30.

In Fig. 26, 29 und 30 sind so für die verschiedenen Werte von $\frac{v}{u}$ die Grössen Z und U sowie $\eta$ bestimmt und in den Einheiten des Zeichenmassstabs ausgedrückt. Die wirkliche Grösse von Z und U ist dann jedenfalls proportional den wirklichen Schraubenabmessungen und den wirklichen Geschwindigkeiten und ferner proportional der Grösse k, Fig. 25. Die Resultate aus Fig. 26, 29 und 30 sind in Fig. 28 zusammengetragen. Da es einerseits hier nicht Aufgabe sein kann, eine zahlenmässige Berechnung von Luftschrauben auszuführen, andererseits eine weitere Untersuchung in dieser Darstellung nur an Hand eines speziellen Falles möglich ist, werde angenommen, die Abmessungen einer Luftschraube seien derart, dass die in $cm^2$ ausgedrückten Werte Z und U der Zeichnungen bei $u = 85$ m/sec erreicht werden (dem würde eine Luftschraube normaler Bauart von etwa 2,5 m Durchmesser entsprechen). Dann würde eine Vergrösserung oder Verkleinerung von n auf die nfachen Werte die Zahlen U und Z auf die $n^2$fachen Werte verkleinern oder vergrössern. Die Geschwindigkeiten $v$ würden aber ver-n-facht.

Man kann somit ohne grosse Mühe für verschiedene Werte u die zugehörigen Grössen Z und U ermitteln, ferner aus U und $u_m$ die vom Motor aufzuwendende Leistung, während man durch Multiplikation von Z und $v$ die von der Schraube abgegebene Leistung feststellen kann. $Uu_m$ könnte ferner auch aus $\frac{Z \cdot v}{\eta}$ bestimmt werden, da auch $\eta$ bekannt ist.

Führt man eine solche Rechnung für verschiedene Werte u aus und zeichnet Z und die für den Motor erforderliche Leistung $E_m$ in Kurven auf, so erhält man die in Taf. I verzeichneten Kurvenscharen. Ehe nun weiter auf Taf. I eingegangen werden kann, ist einiges über den Motor zu sagen.

Auch eine ausführliche Behandlung der Motoren geht über den Rahmen der vorliegenden Arbeit hinaus und wird in einem anderen Band dieser Sammlung gegeben. An dieser Stelle interessiert nur die Veränderlichkeit, die die Leistung eines Motors bei Veränderung seiner Drehzahl aufweist, wenn keine Regulierung des Motors erfolgt, wenn also beispielsweise Zündung und Vergasung auf eine bestimmte, als beste erkannte Arbeitsweise eingestellt sind.

Dann würde bei vollständig gleichmässigem Arbeiten aller Teile, jedenfalls für jeden Zylinder — Viertakt vorausgesetzt — bei jeder zweiten Umdrehung eine Explosion von bestimmter Grösse eintreten, der eine bestimmte Kolbenkraft entspricht. Dementsprechend müsste das Drehmoment M des Motors unveränderlich sein. Da andererseits die Leistung in Pferdestärken sich ergibt zu $\frac{M \cdot \omega}{75}$ worin $\omega$ die Winkelgeschwindigkeit ist, so müsste die Leistung $E_m$ des Motors proportional seiner Drehzahl zunehmen, seine Leistungskurve entspräche damit der Kurve $E_m$ Fig. 31, während sein Drehmoment konstant wäre und der Linie M Fig. 31 entspräche.

Tatsächlich weist weder die $E_m$- noch die M-Kurve diesen Verlauf auf und zwar deshalb, weil die Motorverluste selbst mit

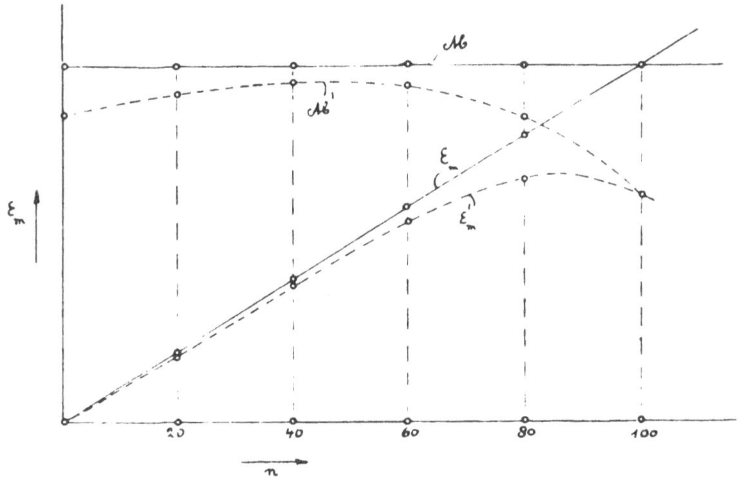


Fig. 31.
Die Abscissen stellen die Winkelgeschwindigkeiten des Motors dar.

der Drehzahl veränderlich sind. Die Verlustquellen sind verschieden. Die Reibungsverluste nehmen im allgemeinen mit zunehmender Drehzahl n ab, weil die Schmierung weniger intensiv ist, werden also bei kleiner Drehzahl ins Gewicht fallen. Ebenso wird die Kühlung um so intensiver wirken, je kleiner die Drehzahl ist und sie kann unter Umständen bei kleiner Drehzahl die Leistung ungünstig beeinflussen. Je kleiner die Drehzahl, um so stärker fallen alle Undichtheiten von Kolben, Ventilen usw. ins Gewicht und bedingen grössere Verluste als bei hohen Drehzahlen. Bei hohen Drehzahlen andererseits wird in den Zuström- und Auslassorganen eine sehr hohe Geschwindigkeit eintreten, die Drosselverluste hervorruft. Diese wirken auf die Höhe der Explosionsdrücke ein. Ferner wird bei hohen Drehzahlen die Verbrennung weniger vollständig sein, die Ventile werden den Kolbenbewegungen u. A. nicht mehr nachkommen können u. s. f., so dass auch infolge der Erhöhung der Drehzahl über ein gewisses Mass hinaus die Verluste anwachsen. Das Drehmoment des Motors ist also damit nicht mehr unabhängig von der Drehzahl, es wird vielmehr für eine mittlere Drehzahl am grössten sein und sowohl bei Er-

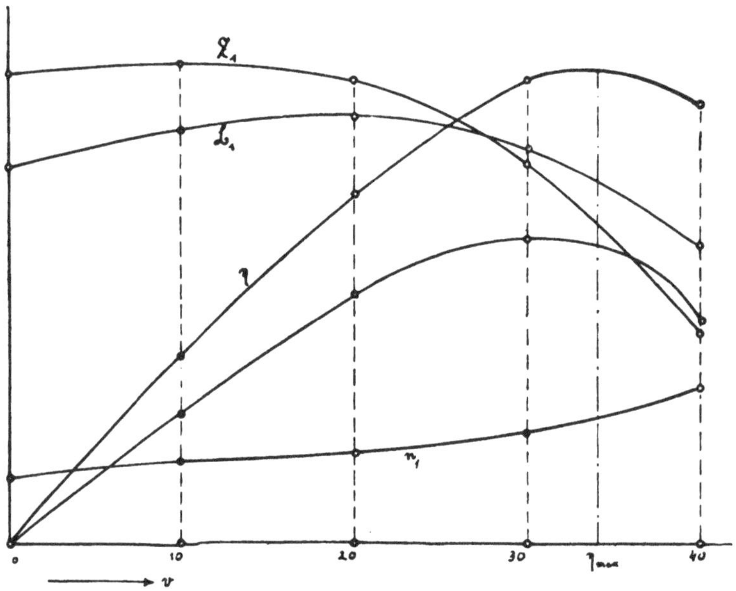


Fig. 32.

höhung wie Verringerung der Drehzahl abnehmen. Kennt man die Momentenkurve, so kann aus ihr dann die Leistungskurve abgeleitet werden, da, wie schon gesagt, $E_m = M \cdot \omega$ ist. Man erhält so die gestrichelten Kurven in Fig. 31 Seite 141, die den tatsächlichen Verlauf der Leistung und des Moments in Abhängigkeit von der Drehzahl wiedergeben.

Es gilt nun, die bei verschiedenen Umfangsgeschwindigkeiten u und damit Drehzahlen von der Luftschraube verlangten Leistungen und die andererseits von dem Motor bei verschiedenen Drehzahlen gebotenen Leistungen in Einklang zu bringen.

Es sind in Taf. I für verschiedene Umfangsgeschwindigkeiten der Schraube Leistungskurven verzeichnet, in Abhängigkeit von der axialen Geschwindigkeit der Schraube.

Jede der verschiedenen Umfangsgeschwindigkeiten entspricht einer bestimmten Drehzahl der Schraube und des zugehörigen Motors. Aus der Leistungskurve des Motors, Taf. I kann man die Leistung des Motors bei dieser Drehzahl ent-

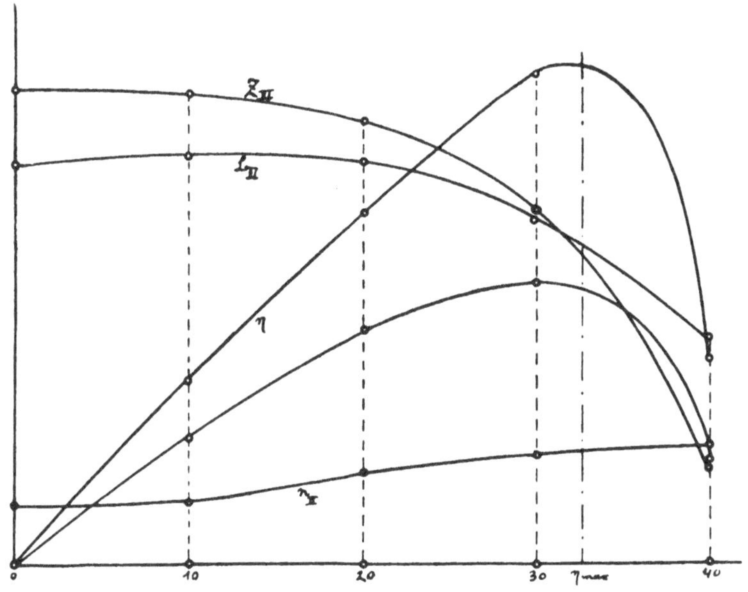

Fig. 33.

nehmen und nach Taf. I in die zu dieser Drehzahl gehörige Leistungskurve übertragen. Man erhält so einen Punkt der Kurve, für den Übereinstimmung zwischen geforderter Motorleistung, Drehzahl und gebotener Motorleistung besteht, dem wiederum ein bestimmter Punkt auf der zugehörigen Kurve für die Schraubenzüge entspricht.

Damit erhält man die Schraubenzüge der gegebenen Schraube in Abhängigkeit von ihrer axialen Geschwindigkeit $v$. Es zeigt sich nun, dass je nachdem eine der drei angenommenen Motorkurven vorliegt, mit der einen gegebenen Schraube ganz verschiedene Ergebnisse erhalten werden. In dem einen Fall bleibt die Schraubenkraft über ein ziemlich grosses Bereich von $v$ fast konstant, in dem andern Fall fällt die Schraubenkraft ständig mit $v$, in dem dritten schliesslich findet ein Ansteigen der Schraubenkraft bis zu einer gewissen Geschwindigkeit statt, wonach wiederum ein Abfall eintritt. Ebenso ist die Motorleistung entsprechend der $E_m$-Kurve natürlich veränderlich. Man sieht ferner, dass die Motordrehzahl nur langsam zunimmt: Es wäre von Interesse,

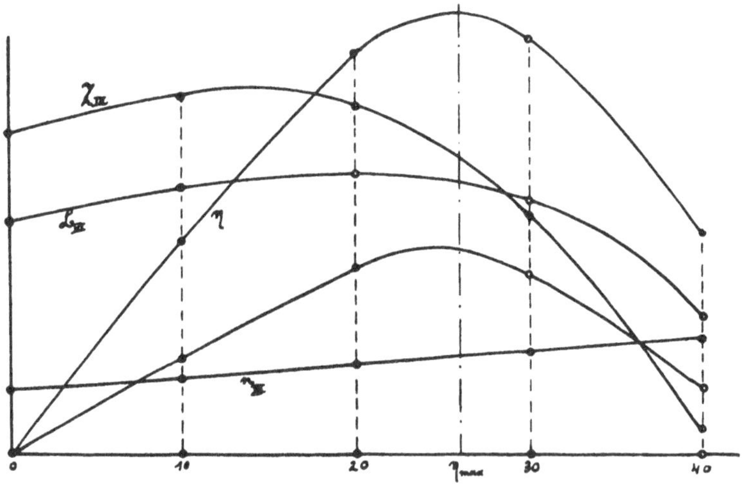


Fig. 34.

festzustellen, unter welchen Verhältnissen ein Ansteigen des Schraubenzugs zu erwarten ist und wo das Maximum desselben liegt. Die Schraubenkraft wird nahezu dann ein Maximum, wenn das Motordrehmoment ein Maximum ist. Die Frage läuft also darauf hinaus, ob die Drehzahl des Motors für das Maximaldrehmoment höher oder tiefer liegt als die Drehzahl, die der Motor mit der betreffenden Schraube im Stand besitzt. Ist im Stand diese Drehzahl schon überschritten, so fällt der Schraubenzug ständig mit der Vorwärtsgeschwindigkeit. Beschneidet man die Schraube solange, bis sie im Stand Maximalschub ergibt, so hat der Motor im Stand sein Maximaldrehmoment und die Schraubenkraft sinkt von da ab. Alles weitere hängt von der Grösse des Abfalls für das Motordrehmoment ab.

Man kann die erhaltenen Resultate der besseren Übersicht halber in Kurven zusammentragen, wie das in den Figuren 32 bis 34 Seite 142—144 geschehen ist und kann auch aus Z und $v$ einerseits, $E_m$ anderseits für die verschiedenen Werte $v$ den Wirkungsgrad bestimmen.

Das überraschendste Resultat ist dann vielleicht, dass die Grösse des Schraubenwirkungsgrades je nach dem verwendeten Motor für ein und dieselbe Schraube bei derselben axialen Geschwindigkeit verschieden ausfällt und dass je nach dem verwendeten Motor der beste Wirkungsgrad bei einer verschiedenen axialen Geschwindigkeit der Schraube erreicht wird.

Es ergibt sich daraus, dass es nicht sowohl darauf ankommt, eine Schraube mit gutem Wirkungsgrad, sondern darauf, eine Schraube zu verwenden, die im Zusammenarbeiten mit einem bestimmten Motor für die beabsichtigten axialen Geschwindigkeiten gute Resultate erzielt.

Die dritte Motorleistungskurve könnte aus der ersten durch Regulierung des Motors bzw. durch Drosselung desselben entstanden sein. Man erkennt, wie nicht nur die Grösse des Schraubenzugs, sondern auch der ganze Charakter der Z-Kurve und der damit zusammenhängenden Kurven geändert werden kann. Ja, bei gegebenen Verhältnissen kann eine schwache Drosselung praktisch bessere Resultate ergeben, als wenn man den Motor mit maximaler Leistung laufen liesse.

Nachdem so der Verlauf der Z-Kurve festgestellt ist, wird es die Aufgabe des Folgenden sein, zu untersuchen, welche Verhältnisse sich für ein bestimmtes Flugzeug bei Verwendung eines bestimmten Motors und einer bestimmten Schraube ergeben.

## Schraube und Motor in Verbindung mit dem Flugzeug.

Aus den Tabellen auf S. 87 und S. 88 kann man unter der Voraussetzung, dass $\frac{G}{G_0} = 1$ ist, d. h. also, dass es sich um eine

Maschine mit einem bestimmten Gewichte, das sich während des Flugs nicht ändert, handle, durch entsprechende Interpolation die folgenden Tabellen für m = 3 resp. m = 1 aufstellen.

Für m = 3

| | | | | | | | | | |
|---|---|---|---|---|---|---|---|---|---|
| $s =$ | 0,3 | 0,4 | 0,6 | 0,8 | 1,0 | 1,2 | 1,4 | 1,6 | 2,0 |
| $\frac{Z}{Z_0} =$ | 1,1 | 0,94 | 0,87 | 0,92 | 1,0 | 1,09 | 1,24 | 1,36 | 1,62 |
| $\frac{v}{v_0} =$ | 1,87 | 1,57 | 1,30 | 1,12 | 1,0 | 0,92 | 0,84 | 0,78 | 0,70 |
| $\frac{E}{E_0} =$ | 2,10 | 1,48 | 1,13 | 1,04 | 1,00 | 1,01 | 1,04 | 1,06 | 1,14 |

Für m = 1

| | | | | | | | | |
|---|---|---|---|---|---|---|---|---|
| $s =$ | 0,4 | 0,6 | 0,8 | 1,0 | 1,2 | 1,4 | 1,6 | 2,0 |
| $\frac{Z}{Z_0} =$ | 1,48 | 1,15 | 1,03 | 1,00 | 1,01 | 1,05 | 1,10 | 1,24 |
| $\frac{v}{v_0} =$ | 1,58 | 1,29 | 1,12 | 1,00 | 0,92 | 0,84 | 0,80 | 0,70 |
| $\frac{E}{E_0} =$ | 2,35 | 1,48 | 1,16 | 1,00 | 0,93 | 0,89 | 0,88 | 0,87. |

Man ist damit in der Lage, $\frac{Z}{Z_0}$ und $\frac{E}{E_0}$ in Abhängigkeit von $\frac{v}{v_0}$ in Kurven aufzuzeichnen. Im Folgenden sind die Werte Z und $E_m$, mit $Z_f$ und $E_f$ bezeichnet, zum Unterschied von den veränderlichen Schraubenzügen und Schraubenleistungen, die mit $Z_s$ und $E_s$ bezeichnet sind. $Z_0$ behält seine frühere Bedeutung. Wie erinnerlich, handelte es sich schon bei Aufstellung der Tabellen auf S. 87 u. f. um einen mehr oder weniger speziellen Fall, insofern, als für die vorkommenden Koeffizienten der Rechnung spezielle Verhältniswerte angenommen wurden. Immerhin beeinflussen diese speziellen Annahmen den Charakter der gewonnenen Kurven nicht. Auf der anderen Seite ist der Zusammenhang, über den hier Klarheit geschaffen werden soll, überhaupt nur noch an Hand eines speziellen Falles verfolgbar, wenn man nicht zu endlosen und unüberblickbaren Entwickelungen kommen will.

Man erhält demnach, wenn man $Z_0$, $E_0$, $v_0$ je gleich 1 setzt, die Kurven Fig. 35 und 36, die die Veränderlichkeit vom erforderlichen Schraubenzug und Schraubenleistung in Abhängigkeit von der Geschwindigkeit darstellen, und aus denen auch jederzeit, sobald $Z_o$, $v_o$, $E_o$ bekannt oder angenommen werden, endliche Werte für $Z_f$, $v$, $E_f$ durch Multiplikation des Massstabs mit $Z_o$, $v_o$, $E_o$ gefunden werden könnten.

Wie es sein muss, zeigt sich, dass für $s = 1$ im ersten Fall E ein Minimum ist, während dann das erreichbare Minimum von $Z_f$ bei einer grösseren Geschwindigkeit und einem Wert von $s < 1$ eintritt.

Im zweiten Fall, wo $m = 1$ ist, liegt ebenso das Minimum von Z bei $s = 1$, während das Minimum von E bei einem Wert $s > 1$ auftritt.

Berücksichtigt man, dass die absoluten Werte von $v_o$, $Z_o$, $E_o$, für $s = 1$ verschieden sind, je nach der Grösse von m, so findet man, dass, sofern man s variiert, die Unterschiede, ob $m = 1$ oder $m = 3$ gewählt wurde, bezüglich $E_f$ und $Z_f$ gering sind. Es gibt ja nun mehr für den Fall $m = 1$, ebenso wie für den Fall $m = 3$, ein Minimum für E und dasselbe gilt bezüglich des Schraubenzugs. Die Kleinstwerte unterscheiden sich dann nur noch wenig voneinander, besonders dann, wenn $K_3$ klein ist. Ein Unterschied zwischen beiden Fällen besteht natürlich trotzdem, der praktische Bedeutung hat, dass nämlich in beiden Fällen mit verschiedenen Anstellwinkeln oder bei gleichen Anstellwinkeln mit verschiedener Tragflächengrösse zu rechnen ist.

Sieht man genauer zu, so findet man, dass der Wert für m mit Veränderung von s gleichfalls sich ändert, so dass die Werte m nur noch für $s = 1$ Gültigkeit haben. Für jeden der beiden Fälle ändert sich nunmehr m zwischen o und $\infty$. Es ist nötig, dass man sich hierüber klar wird.

Sucht man nun den Fall $m = 3$ $s = 1$ zu verwirklichen dadurch, dass man für das Flugzeug einen Motor nebst Schraube auswählt, die bei dem zugehörigen $v_o$ und bei der Leistung $E_o$ den Schraubenzug $Z_o$ ergeben, so wird man finden, dass, sofern diese Leistung $E_o$ gleichzeitig die Maximalleistung der Schraube in Verbindung mit dem Motor darstellt, die Z-Kurve für das Flugzeug und die Z-Kurve für das Motoraggregat sich ungefähr gerade in dem Punkt $v = v_0$ berühren. Prinzipiell wäre damit zwar die Möglichkeit eines Flugs gegeben, es leuchtet aber ein, dass die kleinste Unregelmässigkeit in dem Gang des Motors oder die kleinste Schwankung des Flugzeugs, bei der s um ein wenig kleiner oder grösser wird, genügen würde, um das Flugzeug zum Sinken zu bringen, da zwischen dem geforderten und gegebenen Z keine Übereinstimmung zu erzielen wäre.

In Rücksicht darauf müsste ein Überschuss an Leistung und Zugkraft vorhanden sein. Mit 10 % Überschuss erhält man beispielsweise die oberen Schraubenzug- und Leistungskurven. Sie schneiden die Kurven der geforderten Leistung und des geforderten Schraubenzugs in zwei Punkten. Demzufolge wird in 2 Punkten und für zwei Werte $v$ bzw. s Gleichgewicht zwischen dem geforderten und gebotenen Schraubenzug vorhanden sein. Die Maschine könnte bei einer Geschwindigkeit $v_1$ oder $v_2$ sich fliegend in der Luft halten. Dabei ist die Geschwindigkeit $v_1$ wesentlich kleiner als $v_2$. Bei allen Geschwindigkeiten, die zwischen $v_1$ und $v_2$ liegen, ist der Schraubenzug grösser als erforderlich, so dass bei diesen Geschwindigkeiten ein Gleichgewicht nicht erreicht werden kann. Würde z. B. die Steuerung so gestellt, dass s = 1 ist, so würde der im Überschuss vorhandene Schraubenzug zunächst die Maschine beschleunigen, so dass der Flugwiderstand entsprechend $Z_f'$ proportional dem Quadrat der Geschwindigkeit zunimmt. Die Linie $Z_f'$ schneidet dann die $Z_s$-Kurve im Punkt A, d. h. das Flugzeug kann auf die zum Punkt A gehörige Geschwindigkeit beschleunigt werden und es wäre dann Gleichgewicht vorhanden. Im selben prozentualen Verhältnis, wie der Schraubenzug den Maschinenwiderstand an diesem Punkt A übertrifft, übertrifft aber auch der Auftrieb dann das Maschinengewicht, da auch der Auftrieb mit dem Quadrat der Geschwindigkeit wächst. Infolgedessen wird die Maschine nach oben beschleunigt. Sowie die Bewegung der Maschine nach oben eintritt, ändern sich freilich die Verhältnisse sofort wieder. Horizontal- und Vertikalgeschwindigkeit setzen sich zu einer resultierenden Geschwindigkeit zusammen, so dass der Lufteinfallwinkel und damit s sich ändert; es tritt dann bei aufsteigender Bewegung ein neuer Gleichgewichtszustand ein, sofern nicht durch entsprechende Steuerbewegungen eingegriffen wird.

Aus allem geht hervor, dass bei horizontalem Flug in dem Gebiet zwischen den Geschwindigkeiten $v_1$ und $v_2$ Gleichgewicht nicht bestehen kann (es sei denn, dass eine Motordrosselung vorgenommen wird, womit die $Z_s$-Kurve im allgemeinen tiefer liegen wird und die Schnittpunkte mit der $Z_f$-Kurve näher zusammenrücken).

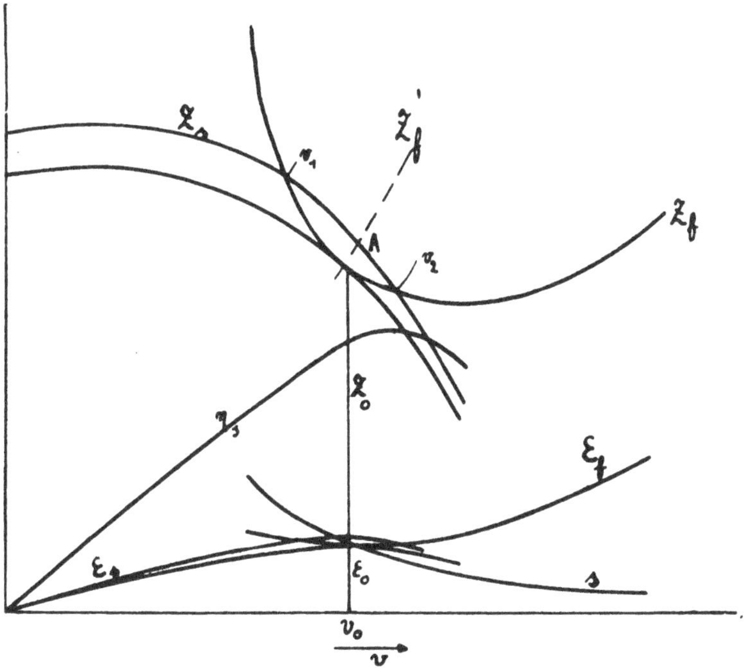


Fig. 35.

Wollte man nun mit der Geschwindigkeit $v_1$ fliegen, und die Maschine würde entweder durch eine kleine Änderung ihrer Lage oder infolge vorübergehenden unbedeutenden Nachlassens des Motors sinken, so müsste mit den Steuern eingegriffen werden, wenn die Maschine nicht auf den Boden niederkommen sollte. Es fragt sich, in welcher Art die Maschinenlage durch die Steuer geändert werden müsste, damit von Neuem Gleichgewicht eintritt. Man müsste jedenfalls eine Maschinenlage aufsuchen, bei der $Z_f$ kleiner ist, d. h. es müsste so gesteuert werden, dass $v$ grösser wird. Entsprechend den Einzeichnungen in Fig. 35 wird dann s kleiner, d. h. also, man muss die Maschine, die zu Boden sinkt, mit der Spitze erst recht nach unten drücken, wodurch ihre Geschwindigkeit grösser und ihr Flugwiderstand $Z_f$ geringer wird. Umgekehrt müsste, wenn die Maschine steigt, die Spitze gehoben und dadurch der Widerstand vergrössert, die Geschwindigkeit verkleinert werden. Das Ganze stellt eine Steuerungart dar, die dem natürlichen Gefühl widerspricht, die aber an sich möglich und ausführbar ist.

Fliegt man hingegen mit der Geschwindigkeit $v_2$, so liegen die Verhältnisse umgekehrt wie oben beschrieben. Geht die Maschine in die Höhe, ist also der Schraubenzug grösser als der Flugwiderstand, so wird eine Erhöhung von $v$ den Widerstand wachsen, den Schraubenzug aber sinken lassen, der höheren Geschwindigkeit entspricht aber ein kleinerer Wert von s, d. h. man wird die Spitze der Maschine niederdrücken müssen, wenn sie steigen will, und umgekehrt. Eine solche Steuerung entspricht aber vollständig dem natürlichen Empfinden. Da ausserdem bei grösserer Geschwindigkeit gewöhnlich eine bessere Ausnützung der Motorkraft vorhanden ist, (Fig. 35 zeigt, dass der Wirkungsgrad der Schraube bei der grösseren Geschwindigkeit besser ist), vor allem aber die Steuer besser wirken, also kleinere Steuerausschläge zur Erreichung eines bestimmten Zwecks ausreichen, somit die Steuerung weniger anstrengend ist, wird man den Flug bei der Geschwindigkeit $v_2$ als den natürlichen anzusehen haben. Tatsächlich findet auch der normale Flug aller Flugzeuge bei dieser zweiten Geschwindigkeit statt.

Ist der Motor einer Maschine nicht allzu reichlich, so wird die Maschine beim Anfahren nicht auf die Geschwindigkeit $v_2$ kommen können, sondern nur auf die Geschwindigkeit $v_1$. In diesem Fall hat dann eine Steuerung, wie zuerst besprochen, zu erfolgen, d. h. sobald die Maschine ein Stück vom Boden abgekommen ist, hat man die Spitze der Maschine niederzudrücken, also s zu verkleinern. Unter Zunahme der Maschinengeschwindigkeit steigt dann die Maschine höher, bis man s auf einen Wert verkleinert hat, der kleiner ist, als der zu $v_2$ gehörige

Wert. Die Maschine kommt ins Sinken und ist weiterhin auf die an zweiter Stelle besprochene Art zu steuern.

Prinzipiell die gleichen Resultate erhält man für den Fall $m = 1$, nur erscheint hier *unter Berücksichtigung der Abnahme des Schraubenzugs* ein Flug bei $Z_{min}$ durchführbar, und es würde hierbei die Steuerung in dem natürlichen Sinn erfolgen können. Es würde das nur dann nicht möglich sein, wenn der Schraubenzug, was bei ungeeigneter Wahl von Schraube und Motor möglich ist, entweder für die zu $Z_{min}$ gehörige Geschwindigkeit ein Maximum ist, oder gar über $Z_{min}$ hinaus bei zunehmender Fluggeschwindigkeit ansteigt.

Aus den vorausgegangenen Überlegungen geht hervor, dass zwischen den Geschwindigkeiten $v_1$ und $v_2$ die Flugbahn ansteigt, diesseits $v_1$ und jenseits $v_2$ aber die Flugbahn absteigt. Es interessiert, die Grösse des Winkels der Flugbahn und der dazugehörigen Fluggeschwindigkeit festzustellen. Aus beiden ergibt sich dann die Vertikalgeschwindigkeit der Maschine.

Aus der Entwickelung für $\operatorname{tg}\beta$, S. 91, geht hervor, dass man auch mit den vorliegenden neuen Bezeichnungen schreiben kann:

$$Z_s = Z_f + G \sin\beta,$$

worin $Z_f = K_2^2 v^2 [(1 + ms^2) K^2 + (1 - s) K_3^2,$

d. h. den Flugwiderstand bei einer Tragflächenanstellung entsprechend s und bei der zugehörigen Geschwindigkeit $v$ darstellt, die durch die Bedingung

$$G \cos\beta = K_1^2 v^2 s$$

festgelegt ist.

Die Kurve $Z_f$ der Fig. 35, S. 149, gibt $Z_f$ für die Bedingung $G = K_1^2 v^2 s$ wieder, dementsprechend wäre bei Zugrundelegung der $Z_f$-Kurve der Fig. 35, S. 149, zu schreiben:

$$Z_s = Z_f \cos\beta + G \sin\beta$$

oder

$$\frac{Z_s}{\cos\beta} = Z_f + G \operatorname{tg}\beta.$$

Daraus ergibt sich:

$$\operatorname{tg}\beta = \frac{\frac{Z_s}{\cos\beta} - Z_f}{G} = \sim \frac{Z_s - Z_f}{G}$$

$$= \frac{Z_0}{G} \frac{Z_s - Z_f}{Z_0}. \qquad 1)$$

Aus Fig. 36 können für einen bestimmten Fall $Z_0$ und für einen bestimmten Wert von s die Grössen $Z_s$ und $Z_f$ entnommen werden. Die Grösse $\frac{Z^0}{G}$ liegt für eine bestimmte Maschine gleichfalls fest, entsprechend der Beziehung auf Seite 64:

$$\frac{Z_0}{G} = \frac{k_2 K}{k_1} \frac{m+1}{\sqrt{3m}}.$$

Man ist damit ohne weiteres in der Lage, tg $\beta$ für jeden Wert s zu bestimmen, und es ändert sich tg$\beta$ entsprechend dem

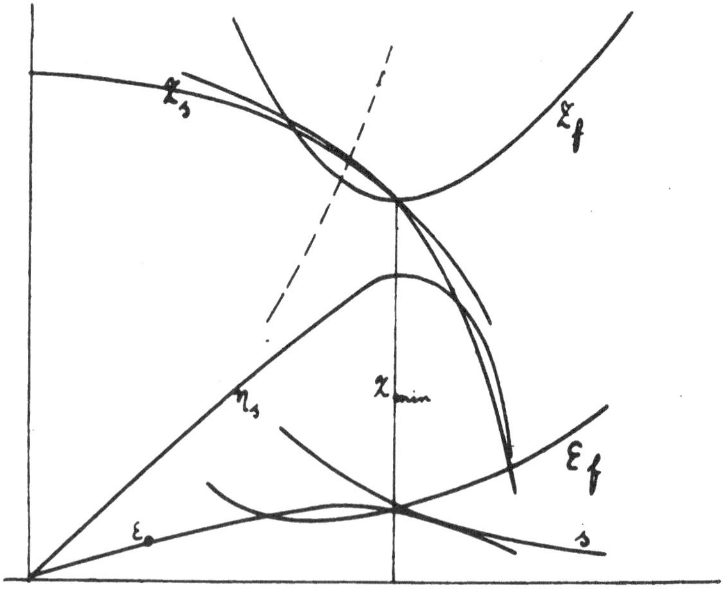


Fig. 36.

Verhältnis der Ordinatenstücke, die zwischen den $Z_f$- und $Z_s$-Kurven liegen, zu $Z_0$. Im übrigen ist tg $\beta$ um so grösser, je grösser $Z_0$ im Vergleich zu G ist, d. h. $\beta$ ist grösser für Maschinen mit geringer Ökonomie und grossen toten Widerständen, eine schon früher festgestellte Tatsache. Die Grösse $Z_s - Z_f$ ist bedingt durch die Grösse des Überschusses an Schraubenzug gegenüber dem Maschinenwiderstand und wird im allgemeinen um so grösser sein, je grösser der Unterschied zwischen $v_1$ und

$v_2$ ist, oder auch, je grösser der Leistungsüberschuss des verwendeten Motors in Verbindung mit der verwendeten Schraube ist. Man kann so tg $\beta$ punktweise bestimmen und erhält die $\beta$-Kurve, Tafel II. Zu jedem Wert von $\beta$ gehört dann ein Wert für $v$, und man erhält die Steiggeschwindigkeit durch die Multiplikation von diesem $v$ mit dem Sinus des zugehörigen Winkels $\beta$.

$\beta_{max}$ entspricht dem Maximum von $Z_s - Z_f$, $\beta$ wird Null für $Z_s = Z_f$. Es wird $\beta_{max}$ um so grösser, je höher $Z_s$ über $Z_f$ liegt, entsprechend den Kurven $Z_{s1}$ und $Z_{s2}$, zu denen die $v_s$- und $\beta$-Kurven mit entsprechendem Index gehören. Mit $\frac{Z_0}{G} = \frac{1}{4}$ würde, wenn $Z_s$ für $s = 1$ gleich $1{,}1\, Z_0$ ist, $\beta_{max}$ ungefähr nur $1^0\,30'$ sein, wenn aber $Z_s$ für $s = 1$ gleich $1{,}2\, Z_0$ ist, wird $\beta_{max}$ ungefähr $3^0\,10'$, ist dabei $v$ etwa 30 m/sec, so wird $v_s = 1{,}65$ m/sec, entsprechend ungefähr 100 m in einer Minute.

Der normale Flug wird, wie schon auseinandergesetzt, bei der Geschwindigkeit $v_2$ stattfinden, infolgedessen wird eine Verkleinerung von s eine absteigende Bewegung der Maschine ergeben. Je geringer der Überschuss an Schraubenzug ist, um so grösser wird dabei bei gleichem Wert von s die Vertikalgeschwindigkeit der Maschine.

Eine Vergrösserung von s bewirkt ein Ansteigen, bis $\beta_{max}$ erreicht ist. Überschreitet man den zu $\beta_{max}$ gehörigen Wert von s, so verkleinert sich der Steigwinkel wiederum, ebenso die Steiggeschwindigkeit, bis bei weiterer Vergrösserung von s die zweite Gleichgewichtslage und darüber hinaus Sinkbewegung erreicht wird.

Diesen Verhältnissen entsprechend wird ein Steuern nur zwischen dem zu $v_2$ und dem zu $\beta^{max}$ gehörigen Wert von s Zweck haben. Da andererseits die Vertikalgeschwindigkeiten bei absteigender Bewegung sehr rasch anwachsen, wird auch eine Verkleinerung von s nur innerhalb enger Grenzen ratsam sein und eine zu heftige Steuerbewegung, die eine starke Verkleinerung von s bedingt, kann einen sehr steilen Abstieg und unheilvolle Folgen haben, und das um so mehr, je schwächer der Motor in Verbindung mit der Schraube für die betreffende Maschine ist.

Man sieht ferner, dass die Maschine für eine Verkleinerung von s empfindlicher ist wie für eine Vergrösserung. Das soll heissen, dass eine bestimmte prozentuale Verkleinerung von s eine grössere Vertikalgeschwindigkeit abwärts zur Folge hat als eine gleich grosse prozentuale Vergrösserung von s eine aufwärts gerichtete Vertikalgeschwindigkeit bewirkt.

Würde zwischen $v_1$ und $v_2$ der Schraubenzug ansteigen oder wenigstens gleich bleiben, so würden sich bedeutend grössere Steiggeschwindigkeiten und zu Anfang der Abwärtsbewegung kleinere Sinkgeschwindigkeiten ergeben, die aber dann sehr rasch zunehmen, entsprechend den Kurven mit Index 3.

In dem Augenblick, wo $Z_s$ Null wird, tritt der Fall des reinen Gleitflugs ein. Darüber hinaus ist $Z_s$ negativ, die Schraube treibt den Motor an, wie beim Gleitflug schon erörtert ist.

Schraubenzug- u. Le
Abscissen $v$:
Ordinaten $Z_{8}$
$L_{8}$

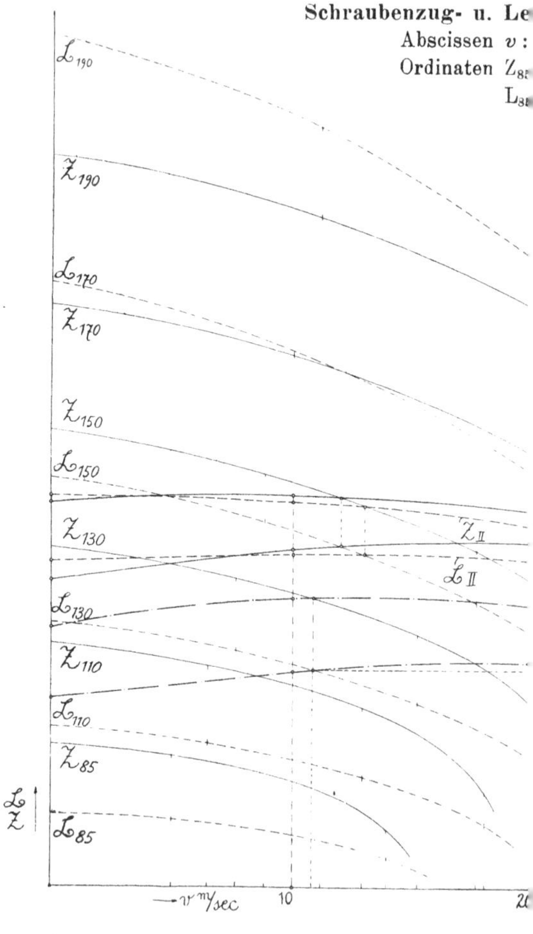


**Bestimmung der Veränderlichkeit des Schrauben**
**Leistungsku**

Tafel I.

engeschwindigkeit.
züge
che Motorleistungen.

**Motorleistungskurven.**
Abscissen $n = c\,u$ : Winkelgeschwindigkeit des Motors
Ordinaten $L_I$, $L_{II}$, $L_{III}$ : Motorleistungen.

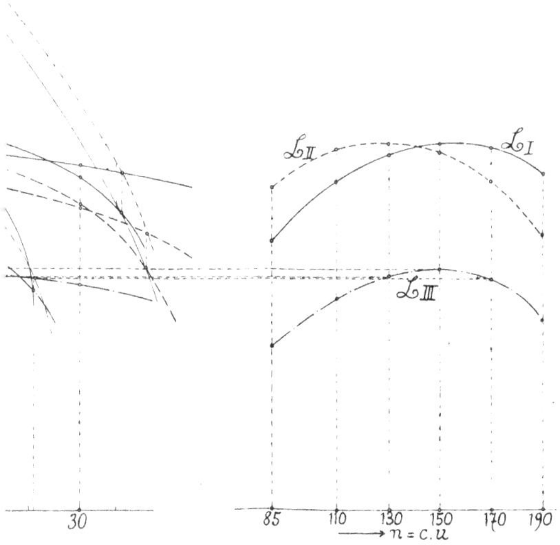


**chsialen Geschwindigkeit der Schraube aus der**
**len Motors.**

Zusammenhang zwischen Fluggeschwindigkeit $v$ (Abscissen
$Z_f$, durch den Motor erzeugten Schraubenzug $Z_{s_1}$ bis $Z_{s_3}$,

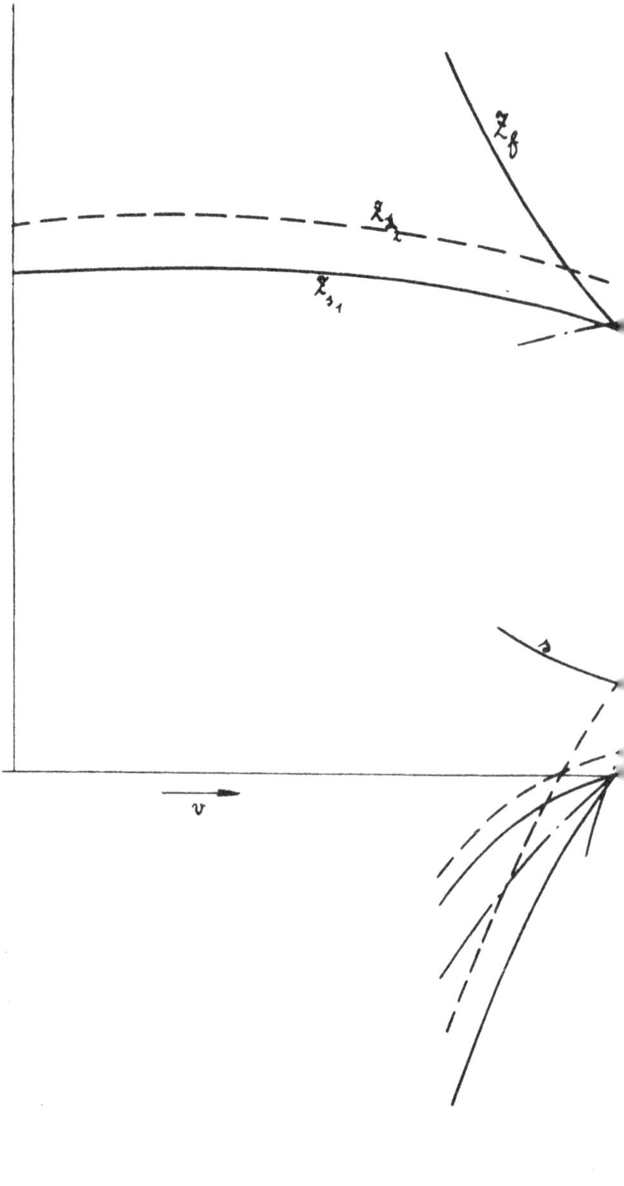

Tafel II.

…rhältnis s der Tragflächen, erforderlichem Schraubenzug
…keit $v_{s_1}$ bis $v_{s_3}$, und Steigwinkel $\beta_1$, bis $\beta_3$, (Ordinaten).

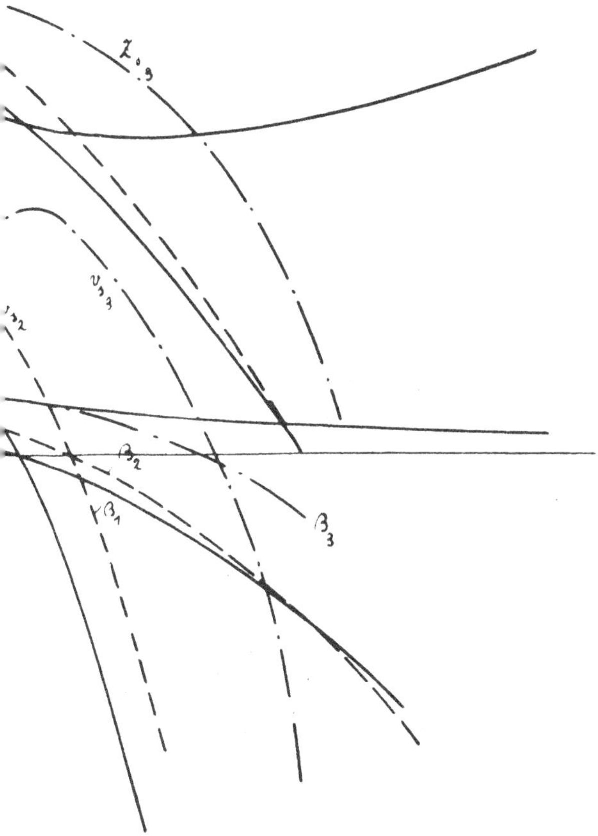

www.ingramcontent.com/pod-product-compliance
Lightning Source LLC
Chambersburg PA
CBHW031443180326
41458CB00002B/630
* 9 7 8 3 4 8 6 7 4 1 7 7 3 *